现代化生态灌区
智能监测系统设计与实践

XIANDAIHUA SHENGTAI GUANQU
ZHINENG JIANCE XITONG SHEJI YU SHIJIAN

冯克鹏　田军仓　著

中国农业出版社
北　京

前 言

目前我国水资源浪费现象严重，灌溉水有效利用系数低。据统计，我国农田灌溉水有效利用系数仅为0.50～0.55，与世界先进水平0.7～0.8有较大的差距。尤其是在南方多水地区，农田灌溉采取漫灌的方式，不仅大大降低了灌溉水有效利用系数，而且还造成水资源严重浪费。相对于南方地区，北方灌区灌溉水采用了喷灌、滴灌等节水灌溉方式，但采取节水灌溉方式灌溉的面积仅占总灌溉面积的2.6%左右。缺乏节水意识、节水设备严重短缺成为导致灌溉水有效利用系数较低的重要因素。

我国灌区存在着生态环境问题，即灌溉水有效利用系数低、水资源浪费严重、灌溉沟渠硬质化、生物多样性低、点面源污染物过量排放、灌区水体污染严重和水资源配置不合理、管理方式欠佳，应提出生态型灌区的建设原则和建设方案。生态型灌区的建设原则为：第一，必须坚持可持续理念，包括生态可持续、经济可持续和社会可持续理念；第二，树立水土资源有限观的原则；第三，灌区系统自我净化原则，充分发挥灌区系统生物的作用，在可持续原则的指导下，提高灌区系统生物多样性和生态系统可持续性；第四，生态型灌区管理现代化原则，在可持续原则、水土资源有限观原则和灌区系统自我净化的原则下，对生态型灌区进行现代化管理。

生态型渠道的建设是：渠道要满足正常供水需要；为满足农业、工业、生活和环境用水而实施的供水行为，要充分考虑对生态环境的保护；对业已造成破坏的渠道生态环境进行治理和修复；与社会进步和人民生活水平提高相适应，提供良好的供水环境。

依据灌区自然地理条件，要使灌区渠道断面形式多样化，并适当增加渠道的蜿蜒性，设置多级跌水等，增强水体复氧能力。利用水流的多样化有利于保持水体生物的多样性和水边生物的多样性，还可以构建植生型防渗渠道。它由不透水的混凝土和“井”型无沙混凝土框格组成，各个砌块通过凸凹紧密联结，会有效防止渗漏。在“井”型框架内填土，种植水生生物，起到水质净化的效果，构建水生植被型渠道。通过改善植物生长条件和人工移植净化效果好的植物这两种途径建立起渠底部沉水植物和沿岸挺水植物的植被体系，达到净化污染物的目的。

灌区水环境的保护与治理，必须建立面向农业面源污染控制的节水灌溉、养分资源管理技术体系。管理者应该综合应用多学科方法，建立灌区生态系统恢复以及水环境、土壤环境质量基准和标准；建立基于适宜灌区尺度水分和污染物运移过程分析的分布式水文模型及生态安全的污染物总量控制理论与技术体系；探讨灌区浅层地下水临界控制水位及适宜的节水潜力。开发生态灌区监测评价及信息化管理与预警系统。建立灌区灌溉系统水量监控与调配系统以及灌区环境监测体系和信息网，对灌区地下水位特征、农村水环境与水生态、土壤墒情、作物生长等信息进行监测评价，开发面向生态型灌区的信息化管理系统和灌区生态及环境系统健康诊断、灌溉输配水模拟、水生态模拟等多学科领域先进技术适应性研究，构建上游来水减少、过境水恶化等多种条件下的预警系统。

生态型灌区应实行“管理局＋管理所＋用水者协会＋用水户”的管理模式，用水户参与灌溉管理、事企分开、独立核算，实现由粗放式向集约化管理的转变。依据灌区管理职能和专管结合的原则，合理设置管理岗位，运行机制的改革依照事企分开、经营行为单独核算的企业化管理，明确责、权、利等关系，调动全社会共建水利的积极性和用水户投劳投资的积极性。

加快灌区信息化建设。灌区水管理信息化建设内容包括：灌区计算机识别技术、灌区水情信息监测技术、灌区建筑物自动化控制技术、灌区信息传输技术和灌区综合决策支持调度系统。建立计算机网络系统为各类信息采集、数据库应用、用水优化调度、运行监控管理等应用提供服务平台。有法可依，违法必究。成立生态型灌区保护法规，保护灌区良好状态的维持。

本书的出版，目的是构建生态型灌区建设理论，实行生态型灌区现代化管理，通过各类系统的设计应用研究、案例分析，提出作者独特的信息技术构建及灌区智能检测系统设计与运用理念，以期促进我国现代农业的可持续发展，促进社会主义生态文明建设。

在成书的过程中，作者参阅了部分著作与文献，在此对他们表示最衷心的感谢。由于作者水平有限以及时间仓促，书中难免存在疏漏之处，恳请广大读者批评指正。

著　者

2021年4月

目　录

前言

第一部分　基础理论篇

第二部分　系统设计篇

第三部分 案例实证篇

PART 1 | 第一部分

基础理论篇

第1章　概　述

1.1　我国灌区信息化发展概况

灌区信息化是指充分利用现代化信息技术深入开发和广泛利用灌区信息资源，大幅度提高信息采集、加工的准确性和传输的时效性，做出准确、及时的反馈及预测，从而为灌区管理部门提供可靠、科学的决策依据，全面提升灌区管理经营的效率和效能。

灌区信息化系统由硬件和软件组成，它是一个全面的管理系统。这个系统的硬件是依靠计算机、自动控制系统、信息网络技术进行信息采集、目标控制和信息传输。软件是指计算机应用系统，这些应用系统能使硬件发挥最大效用，对信息进行整理、计算、分析，并为现实提供辅助决策、科学调度等，相应的管理制度和管理方式也包含在软件之内。

1.1.1　大型灌区在我国国民经济中的重要地位

灌溉农业是我国农业和农村经济发展的基础。大型灌区既是我国农业生产和农村经济发展的主力军，还在整个国民经济和社会发展中占有举足轻重的战略地位。

大中型灌区生产的粮食约占全国总量的50%，是保障我国粮食安全的主战场。20多年来，国家投入巨资对大中型灌区进行了改造建设。“十四五”期间，我国将继续加强大中型灌区现代化改造，保障国家粮食安全，促进现代化农业发展。

1998—2020年：逾千亿元中央预算内投资改造建设大中型灌区。据水利部统计，自1998年国家启动实施大型灌区续建配套与节水改造以来，尤其是“十三五”期间加大投入力度，到2020年底我国投入中央预算内投资1 043亿元，基本完成规划内大中型灌区续建配套与节水改造任务。与此同时，国家利用276亿元中央财政资金对近2 000处中型灌区进行补助投入，解决关键灌排问题。

水利部农村水利水电司有关负责人表示，我国通过20多年的改造建设，基本解决了灌区病险、“卡脖子”及骨干渠段严重渗漏等突出问题，有效遏制了灌溉效益衰减局面，灌排设施支撑农业发展、农民增收、农村生态改善的能力进一步增强。

2021—2022年：461处中型灌区将实施改造。水利部办公厅和财政部办公厅联合发布《全国中型灌区续建配套与节水改造实施方案（2021—2022年）》，明确两年内对461处中型灌区实施改造，涉及农田有效灌溉面积2 144万亩①。

实施方案确定，中型灌区续建配套与节水改造的主要任务，包括工程建设和灌区管理体系建设。

截至2021年，我国共有中型灌区7 000多处，它们大多建成于20世纪50年代至70年代。经过几十年运行，大部分灌区已进入老年期，渠系渗漏、坍塌、决口等现象较为普遍，需进行续建配套与节水改造以恢复原设计功能。

“十四五”期间：优先将5亿亩灌溉面积建成高标准农田。水利部农村水利水电司有关负责人表示，“十四五”期间将以黄河流域、粮食主产区灌区为重点，开展影响灌区效益发挥、病险严重的骨干灌排工程设施除险加固、配套达标，更新改造大中型灌排泵站，健全完善量测水设施，同步推进灌区信息化建设，建立健全良性运行管理体制机制，进一步提高灌溉水利用效率。

改造过程中，加强与高标准农田建设等项目有效衔接，统筹灌排骨干和田间工程建设，优先将大中型灌区5亿亩灌溉面积建成高标准农田。

黄河流域灌区全面落实深度节水控水要求，把用水效率提上去，把用水总量省出来。

在东部和有条件的中西部地区优先建成一批“节水高效、设施完善、管理科学、生态良好”的现代化灌区，夯实粮食安全基础。

1.1.2 我国发展灌区信息化的必要性和迫切性

虽然我们日常生活中看似不缺水，但实际上，全球各地缺水的情况特别严重。我国是一个水资源严重缺乏、水旱灾害频繁的国家。

我国是一个干旱缺水严重的国家。我国的淡水资源总量为28 000亿m^3，占全球水资源的6%，仅次于巴西、俄罗斯和加拿大，名列世界第四位。但是，我国的人均水资源量只有2 300m^3，仅为世界平均水平的1/4，是全球人均水资源最贫乏的国家之一。

2013年，我国干旱、洪涝及台风灾害频发、重发，黑龙江、嫩江、松花江发生

---

① 亩为非法定计量单位，1亩=1/15hm^2。

流域性大洪水，其中黑龙江下游洪水超百年一遇。一些地区发生了较为严重的暴雨洪水和山洪地质灾害。有 14 个台风影响我国，9 个台风在东南沿海登陆，双台风甚至三台风生成较多，风雨、潮洪交织影响。西南、西北等地发生冬春旱，江淮、江南及西南部分地区发生严重伏旱。国家防汛抗旱总指挥部、水利部认真贯彻落实中央领导重要指示精神，超前部署、科学防控、有效应对，防汛抗旱取得重大胜利，洪涝灾害死亡人数较 2000 年以来均值减少 50%，完成抗旱浇地 3.7 亿亩次，解决了 2 007 万农村群众因旱临时饮水困难，最大限度减轻了灾害损失，保障了人民群众生命财产安全和城乡供水安全。

2013 年，我国实行最严格水资源管理制度取得显著成效。国务院办公厅印发了《实行最严格水资源管理制度考核办法》，31 个省（自治区、直辖市）全部建立由政府主要负责人负总责的最严格水资源管理制度行政首长负责制，水利部会同国家发展和改革委员会等 10 个部门组建考核工作组。绝大部分省（自治区、直辖市）完成控制指标分解到地级行政区域，重要跨省江河流域水量分配工作有序推进，基本实现省界缓冲区水质断面监测全覆盖。节水型社会建设深入开展，水利部联合国家质量监督检验检疫总局开展节水产品普及推广和质量提升行动，联合工业和信息化部、国家机关事务管理局、教育部开展节水型企业、单位、教育基地等节水载体建设。水资源论证、取水许可管理、入河排污口监管不断强化，地下水治理与保护逐步加强。水利部印发《水利部关于加快推进水生态文明建设工作的意见》，启动 46 个全国水生态文明城市建设试点。实施应急水量统一调度，妥善处置浊漳河等 19 起突发水污染事件。七大流域综合规划（修编）经国务院批复实施，水利规划体系不断完善。第一次全国水利普查全面完成，普查成果得到广泛应用。

我国水资源的分布很不平衡。北方有些地区水资源的占有量仅为 900m^3，低于国际公认的 1 000m^3 的水资源下限。有些地区的人均占有量甚至低于埃及和以色列等世界最贫水国家的水平。我国农业用水量约占总用水量的 80%，存在农业灌溉用水的利用率普遍低下、大型灌区管理能力的建设与提高相对滞后等突出问题。

要提高水资源利用率，缓解水资源日趋紧张的矛盾，就必须加快发展水利信息化建设。水利信息化对地区性防汛抗旱、灌溉用水的分配与调度、灌溉管理、农田灌溉的实时实施、水资源的节约利用和可持续发展起着重大的作用，同时也为各个灌区增加了经济效益，能为国家获得更多的税收，实现国家、灌区、农民的“三赢”。水利信息化是水利现代化的基础和重要标志。灌区信息化建设是水利信息化建设的重要内容，也是社会现代化和水利现代化的综合体现，用来表示的是一个复杂的长期过程。这一过程的实质，就是人们广泛利用现代的科学技术，不断增强对环境的控制能力，不断适应国民经济和社会发展的需要，达到水资源高效利用和灌区可持续发展，从而全面改善灌区人民的生存物质条件和精神条件的过程。在这一过程中，灌区信息化建设是实现目标的重要手段。信息化将提高灌区管理部门的决策水平和管理水平，使灌区为国民经济和社会发展提供可靠保障。一方面，灌区管理部门需向政府和相关行业提供大量的水利信息，包括旱情信息、水量水质信息和水利工程信息等，为抗旱以及水资源综合管理提供服务。另一方面，灌区建设本身也离不开相关行业的信息支持，包括区域经济信息、生态环境信息、气候气象信息、地质灾害信息等。实践表明，灌区信息化建设能有力促进灌区"两改一提高"工作的落实。因此，加快灌区信息化建设，既是国民经济信息化的重要组成部分，也是灌区实现自身发展的迫切需要。

目前我国灌区管理及行业管理的大量资料、信息仍是以传统手工作业为主，不但无法实现对各类资料、信息的有效管理和维护，而且也无法做到信息资源共享。这既影响了灌区管理水平的提高，又使各级水利行业主管部门也难以做到及时、准确和全面了解所掌握灌区及行业发展的状况及变化趋势。为了进一步提高水情预测分析和调度决策能力，保证用水信息的及时性和准确性，提高水资源的合理配置和有效利用，实现灌区水利管理的信息化和科学化，迫切需要采用现代科学技术改造灌区，最终实现以信息化建设为基础的灌区现代化建设。

1.1.3 我国灌区信息化发展面临的机遇

目前，我国共有设计灌溉面积30万亩及以上的灌区456处，有效灌溉面积2.8亿亩，占全国耕地面积的15%，灌区内生产的粮食产量、农业总产值均超过全国总量的1/4，是我国粮食安全的重要保障和农业农村经济社会发展的重要支撑。经过多年运行，一些灌区工程设施老化失修严重、"带病"运行，灌排能力下降，效益难以正常发挥。为全面改善大型灌区工程状况，遏制灌溉效益衰减趋势，提高灌溉水利用效率和农业综合生产能力，同时推动灌区管理体制改革，国家发展改革委、水利部安排中央预算内投资于1998年启动，开展了大型灌区续建配套节水改造工作，经过十几年建设，工程设施和运行管理状况得到很大改善，取得了明显成效。

按照《中华人民共和国国民经济和社会发展第十三个五年规划纲要》和《水利改革发展"十三五"规划》提出到2020年"完成434处大型灌区续建配套和节水改造任务"等要求，国家发展改革委、水利部组织编制了《全国大中型灌区续建配套节水改造实施方案(2016—2020年)》(以下简称《实施方案》)。《实施方案》总结分析了灌区续建配套节水改造工程实施现状和问题，明确了指导思想、原则和目标任务，核定了各灌区剩余工程投资规模与主要建设内容，是"十三五"期间大中型灌区续建配套节水改造工作的重要依据。此项目的实施，让一部分大型灌区的工程条件得到了改善，为灌区信息化建设创造了有利条件。灌区信息化建设发展面临前所未有的机遇。

1.2 大型灌区信息化发展概况

1.2.1 国外灌区管理信息化建设现状分析

信息化、高效化一直是发达国家灌溉水管理发展的目标，它们普遍将计算机技术、自动控制技术、系统工程技术、信息技术、地理信息系统等应用于灌溉水管理，以实现水资源的合理配置和灌溉系统的优化调度为目的，开发了大批集信息采集、分析加工、监控、信息反馈、决策于一体的调度系统。主要表现在以下几个方面：

(1)3S 技术的应用产生了数字渠道、数字灌区等概念

在灌区用水管理中，综合各种预测技术、优化技术的灌溉用水情况，计算机管理系统已开始在全球灌区被大面积应用，灌区的灌溉用水实现了由静态用水到动态用水的转变，为提高灌区水资源的利用率提供了技术保障。为实现优化配水的要求，应用计算机技术的渠道水量、流量实时调控的研究也在国际上逐步兴起。灌区用水管理系统方面，已逐步转向对将数据库、模型库、知识库和地理信息系统有机结合的灌区节水灌溉综合决策支持系统的研究。

(2)灌区基础数据的采集、整理和存储

美国、加拿大等发达国家的灌区管理机构非常重视对灌区基础数据的采集和整理。灌区渠系、闸门、水文监测站、用水户等基础数据一般都由计算机管理，并存储在数据库中。

(3)发达国家在灌区灌溉管理所需软件的标准化和通用程度方面做得较好，研发了大批用于灌区灌溉管理的通用软件

联合国粮食及农业组织为推进灌溉计划的管理开发了“灌溉计划管理信息系统”(SIMIS)，这个系统是一个通用的、模块化的系统，具有适用性强、操作简单、多语言等特点。美国佛罗里达大学针对佛罗里达州的农业特点开发了AFSIRS 系统，系统可根据作物类别、土壤情况、气候条件、生长季节、灌溉系统和管理方式等诸多因素，估算出指定区域的灌溉需水量。该系统收集了佛罗里达州 9 个气象观测站的长期观测资料，可较为全面地反映该州的气象条件，在当地得到了广泛的应用。

(4)国外灌溉系统的自动化程度总体较高

美国垦务局将自动控制技术应用于灌区配水调度，配水效率由 80%提高到 96%。

1.2.2 国内灌区管理信息化建设现状分析

1.2.2.1 我国灌区信息化建设的现状

我国灌区信息化建设开始于20世纪80年代，早期称为计算机技术在灌区中的应用。在全国大型灌区信息化试点建设过程中，由中央出资投入1.4亿元（占计划投资的64%），共建成灌区自动水位监测试点1 059处、自动闸位监测点445处、自动流量监测点85处、自动雨量监测点171处、自动闸门控制点344处、自动流量监测点85处、自动视频监测点91处、自动泵站控制点107处、自动墒情监测点30处、水质监测点7处、中心局域网29处、分中心局域网76处，购买计算机近1 400台，10个灌区建立了自己的独立域名网站，初步开发完成应用软件137套、行业管理软件4套。这些成绩在保障灌区运行安全、节约灌溉用水、降低运行成本、提高管理水平等方面取得了显著效益。

黑龙江省水利厅用时两年建立"黑龙江省灌区信息管理系统"，覆盖了全省322处大中型灌区，实现了远程数据管理，对提高灌区管理水平和效率发挥了重要作用。江苏省渠南灌区在灌区改造的同时，进行了灌区信息化、自动化建设试点，依靠灌区自动化综合数据采集系统、地理信息系统、数据库、网络与通信、计算机及控制等技术，研发出一个高可靠性的科学管理系统。

新疆生产建设兵团十八团渠灌区实现了各办公室之间全部联网，资源共享，并与兵团司令部水管处、师及用水单位直接联网，提高了管理效率，降低了灌区运行管理费用。甘肃省景泰川灌区采用分层、分布、分散的集保护、测量、控制于一体的泵站综合自动化装置，充分利用先进技术，建成并开通了景电管理局国际互联网站。并在景电Ⅰ期、Ⅱ期工程的40个支渠口、97个独斗口及Ⅱ期总干、3个支渠、34个斗渠口安装了水位变送器和自动记录仪，配水计量实现了科学化、规范化。

结合大型灌区续建配套与节水改造项目的实施，湖南省双牌灌区、韶山灌区等基本实现了实时监测水位、远程遥控闸门和利用太阳能遥控启闭闸门和联网调度。

总之，经过多年的发展，我国的灌区水利信息化已具备了一定基础，正朝着全方位、多层次推进的新阶段迈进。

1.2.2.2 我国灌区信息化发展的基本内容

目前，我国灌区信息化发展主要包括硬件建设和软件建设两方面内容。硬件建设包括流量、水位、墒情、作物等的信息监测设备、信息传输设备；软件建设包括灌溉数据处理系统、决策支持系统、水费征收系统、办公自动化系统等。

(1)信息监测、采集系统

一般根据数据信息采集手段的不同，可分为自动和手动两种方式。实时数据靠人工采集已不能适应和满足灌区现代化建设的需要,必须利用自动化、光电、计算机等技术进行自动、实时地采集信息并建立信息采集系统。信息监测、采集系统主要需要完成对水情(墒情)、灾情、水文地质、建筑物工情、种植、气象(包括雨情)等信息的收集和报送,为灌区水资源的合理配置和监控调度提供及时、准确、可靠的基础信息服务。

(2)信息的传输及计算机网络系统

通过建立高效可靠的通信网络系统,形成"省水利厅—灌区信息中心—监控站—采集点"的网络结构,及时传输水情、工情、农情、灾情和主要灌区建筑物周边、远程动态监控及工程调度运行数据、视频、语言信息等。

建立计算机网络系统,包括灌区局域网、灌区与省厅之间的广域网建设。为各类信息采集、运行监控管理、数据库应用、用水优化调度等应用提供服务平台。

(3)灌区综合数据库及信息处理系统

灌区数据库建设处于灌区信息化系统建设过程中的核心地位。灌区数据库建设包括两方面内容,即数据库结构和内容建设。数据库结构是指通过对灌区的全面剖析,按需求对灌区的信息进行合理分类,依照数据库设计的有关理论、方法,设计出结构上合理,技术上易于实现,应用上满足需求,运行上安全稳定的物理数据库和逻辑数据库;数据库内容是指结合灌区的实际情况,使用数据库管理系统提供的录入工具,把灌区的资料输入到数据库,让数据库成为一个具有丰富资料的数据仓库,以满足灌区日常管理和决策支持的需求。

(4)灌区水管理决策支持系统

用水管理决策支持系统是以综合数据库为支撑,根据上述信息数据源作为分析和调度运行的基础,通过建立系统模型(如来水预报模型、需水预报模型、水量调配模拟模型等)和利用计算机软件系统进行分析,做出相应的用水决策,为实现灌区管理决策提供科学化和自动化数据支持。

(5)水费征收管理系统

灌区的信息化建设就是对灌区传统的工作模式、方法、手段进行革新,是促进灌区工作方式、服务方式及工作作风转变的重要手段。针对部分灌区水资源紧缺、收水费难等问题,建立相应的灌区水费管理系统,便于科学管理使用水费,提高水费收支的透明度。

(6)办公自动化系统

办公自动化系统是以单位办公的业务、信息交流、共享为基础的系统开发,一般包括公文管理、档案管理、会议管理、政务信息管理、新闻宣传等功能。

1.2.3 我国大型灌区信息化建设存在的问题

近几年,随着信息技术的飞速发展,加之大型灌区续建配套节水改造项目的实施，使一部分大型灌区的工程条件得到了改善，为开展灌区信息化建设奠定了良好的基础。灌区信息化建设已取得初步成效，主要表现在建立完善了实时水情信息的基本网站和传输体制，初步实现了使用计算机进行信息的接收、处理、监视和灾情预报等功能的应用。但是，我国灌区信息化建设目前仍处于试点阶段，总体上还处于较低水平，主要表现在以下方面：

1.2.3.1 建设方面存在的主要问题

(1)建设资金短缺

进行灌区信息化建设，涉及灌区方方面面，需要投入大量资金。全国绝大多数灌区仅能依赖国家拨款来加强建设。信息化作为一项综合性工程，由于资金投入不足，相关的硬件、软件系统建设不配套等问题，难以发挥其应有的效益和作用。

(2)认识理解不到位

当前我国灌区信息化的发展还处于摸索和试点阶段，应以“需求为向导，经济实用”的原则，综合考虑灌区现有的财力、物力、人力情况，制定使用的建设任务。部分灌区对信息化建设的目的认识不够，存在盲目追求先进、求高求大、不讲效益等问题。

1.2.3.2 技术方面存在的主要问题

(1)灌区信息采集点少且手段落后

据有关资料调查显示，我国大型灌区平均每 0.37 万 hm^2 有一个水位、流量观测点，平均单位观测点控制渠道长度在 94km 以上。我国农业用水户数量多，单位用户拥有的土地少，无法对单个用水户的用水量进行细致、实时地监控。水情观测的观测点少，且实际观测手段也相对落后，测量精度较低，不能及时、准确地获得水流的各项特征指标及灌区灌溉管理所需的其他信息，致使多数灌区不能动态制订用水计划，无法满足水情、作物种植结构等的变化需求，不可避免地造成一些无效放水。

(2)系统之间接口困难

灌区系统之间的接口主要包括各子系统之间的接口，灌区系统与中央、流域、省、地市、县级等 5 个层次之间的接口。灌区信息化建设规模之大、涉及面之广、结构之复杂，加之各个灌区的实际情况和发展水平存在差异，各级水利部门的职责不同，所辖范围内的水利业务重点各异和经济水平的差别，各层次或同一层次不同地域之间的灌区信息化工程建设的规模、重点和实施时间、具体建设技术方案的不同，这些因素都导致了系统之间接口困难的问题。

(3)资源共享程度低，缺乏共用信息平台

目前大多数灌区都分别结合自身实际情况建立了各自的局域网络系统。但由于地区经济发展差异和各地管理部门的重视程度不一，各灌区计算机网络建设和应用水平很不平衡，设备和型号种类繁多，档次不尽相同，多数计算机应用还属于单机运行状态，缺乏公用的信息平台，不能将已有的信息资源充分共享和合理利用。

(4)灌区网络建设存在的问题颇多

问题主要体现为专网与公网的问题，宽带与成本的问题，功率和耗电的问题等。

(5)信息安全保密性差

由于大多数灌区各自的局域网络系统的安全策略不同，系统防病毒体系不够健全，导致了交叉用户使用烦琐、冒用身份潜入、信息被盗、信息被篡改、电子邮件被泄密、服务网络被攻击等问题。

(6)灌区信息系统的综合集成能力差

灌区信息化系统在设计、建设时，各系统各自独立，造成硬件资源利用率低、维护费用增加、投入高等不良后果。

1.2.3.3 管理方面存在的主要问题

(1)缺乏复合型人才

人才队伍建设是灌区信息化建设与管理的基础保障，信息化建设需要灌溉管理、工程管理、水利机械、电气、计算机、自控等综合业务知识，需要培养和造就一批复合型人才。

(2)信息化标准各异

目前虽然存在许多层次的应用系统开发的通用标准，但由于灌区水利部门管理的职能不同，加之缺乏针对性的标准或指南，各系统仪器和软件的技术标准与结构不统一，导致水利应用开发中的重复开发，不但造成了不必要的浪费，同时还为资源共享造成了严重阻碍，制约了水利信息应用水平的提升。

(3)行业管理本身信息化程度低

由于当前只是刚刚起步，多数灌区仅在节水改造管理方面进行了部分研究和开发。之后，随着灌区信息化工作的不断深入，行业管理的信息化脚步也要加快。

(4)软件开发和推广应用环节薄弱

软件开发的缺乏、推广应用环节的脱节，使得硬件不能充分发挥效力，系统的操作维护困难，人工作业劳动工作量没有降低。

1.2.4 灌区信息化发展的趋势

灌区信息化发展的最终目标是实现灌区管理的现代化，就是建立一个以信息采集系统为基础，以3S技术和决策支持系统为核心，以高速安全可靠的计算机网络为手段的现代化的灌区管理系统。它的基本任务和内容包括灌溉用水信息、灌溉工作及设施、灌区行政事务与附属设施等管理的现代化。

1.3　生态节水型灌区建设主要内容与关键技术

灌区是我国粮食安全的基础保障、现代化农业发展的主要基地、区域经济发展的重要支撑、生态环境保护的基本依托。我国以往的灌区建设由于受到经济、技术、资源等条件的限制，存在着重工程建设和经济效益、轻灌区生态环境的倾向，导致了灌区面源污染严重，水环境恶化，可利用水资源减少与生态用水无法保障，地下水超采与地下水水位下降，土壤复合污染与次生盐渍化，生物多样性下降与生态群落退化等问题，极大地影响了灌区功能的发挥，灌区成为江河湖库的主要污染来源。

灌区是一个人类活动自然资源物质生产高度集中的生态系统，在自然资源特别是水资源有限以及人类活动干扰下，如何实现灌区生态系统良性发展、资源节约与排水绿色，仍需要进一步加强生态节水型灌区关键技术的研究与实践。笔者在总结分析传统灌区建设特点及现代灌区生态建设经验和生态灌区建设内涵的基础上，提出生态节水型灌区的建设思路、构建模式和技术体系，旨在为当前灌区的生态文明建设和灌区节水减污提供理论依据和技术支持。

1.3.1　传统灌区建设特点与存在的问题

我国大部分灌区是在中华人民共和国成立后建成的。20世纪50—60年代以建设新灌区、改建和扩建旧灌区为主，20世纪70年代着重农田水利配套工程建设，全国有效灌溉面积大幅增加，粮食产量显著提高。随着水资源紧缺的矛盾日益显著，我国大型灌区从2000年开始陆续进行续建配套与节水改造工作，灌溉面积萎缩和灌溉效益衰竭的趋势得到了初步遏制。2005年水利部组织对大型灌区节水改造项目进行中期评估，灌溉水利用系数由0.425提高到0.499，农业总产值增幅达46.1%，灌区信息化试点工作也取得初步成效，灌区管理水平显著提高。自20世纪90年代以来，随着全国生态农业县和生态示范区建设试点工作的开展和深入，生态灌区的研究成为区域可持续发展研究的热点领域之一，灌区生态系统健康逐渐成为倍受人们关注的热点问题，国内外对灌区生态系统受损机理及修复措施进行了探讨，以生态学理论为指导，使灌区生态与水土资源开发利用、经济的发展走向相协调。国家“十三五”和“十四五”规划进一步明确加大灌区改造力度，并调整灌区建设的发展理念，探索以灌区生产力和生态环境并重为核心的灌区建设新模式。

我国灌区建设中存在的突出问题主要包括以下几个方面。

(1)灌溉渠道问题

当前,我国灌溉渠道总长约 450 万 km,其中约 5/6 为土质渠道,土质渠道生态性与净污性较好,但难以满足高效灌溉输水需求。淤渠系水利用系数约 0.52(我国最严格水资源管理制度"三条红线"之一要求农田灌溉水有效利用系数达到 0.60),渗漏损失严重,48%宝贵的灌溉水资源在输水过程中损失。渠道冲刷、淤积及坍塌严重,输水安全难以保证。渠道内容易杂草丛生,影响输水,增加管理费用。渠道衬砌防渗是保障农田灌溉水高效利用和输水安全的必要措施。

(2)渠道衬砌与防渗工程的问题

在灌区的发展中,为减轻渠道渗漏、强化边坡稳定、控制地下水水位,实施了渠道全衬的"三面光"及边坡防护的硬质化工程,有效提高了灌区渠道的输水能力,但传统灌区产生了渠道衬砌与防渗工程的典型问题:硬质衬砌使水生植物无法生长,生物栖息环境丧失,生态系统结构遭到破坏。渠道水体自净能力下降,面源污染物通过衬砌护坡很容易进入水体,进一步加重了水体的污染负荷。如何保证高效灌溉和边坡稳定的同时,满足生态功能成为渠道构建难点。衬砌渠道对地表水和地下水的交换、周围的气候环境等有显著的负面影响。

(3)农田排水面源污染问题

排除农田里多余的地表水和地下水,控制地表径流以消除内涝,控制地下水水位以防治渍害和土壤沼泽化、盐碱化,为改善农业生产条件和保证高产稳产创造良好条件是农田排水的根本任务。然而,目前排水沟多为"三面光"和硬质化衬砌,很少考虑排水对环境的影响和雨水资源的有效利用,地表径流和地下排水(淋溶)流失进入环境水体是稻田氮磷污染的主要途径。如何在保证农业排水要求下减少氮磷流失,成为解决农田排水面源污染问题的关键。

1.3.2 生态节水型灌区的内涵

生态节水型灌区是传统灌区的继承和发展,与传统灌区相比,生态节水型灌区的基本特点是:既拥有较高的生产力,又能实现与水资源和灌区生态环境的协调发展。具体表现为现代性、发展性和协调性三大特点。现代性是指用现代社会理念和先进科技成果指导灌区建设,灌区技术装备凝聚着社会进步的新成果;发展性是指生态节水型灌区的要求不是一成不变的,而是随着社会经济的发展而不断变化和发展的;协调性就是要求灌区不仅要提高和巩固生产能力,并且要处理好与生态环境的关系,二者紧密结合,协调发展。生态节水型灌区的协调性是灌区发展和实现现代化的基础。生态节水型灌区是指灌区渠系工程布局合理、水资源开发利用高效,水植物土壤生态系统健康、生态环境优美,农副业生产效益显著、产品品质优良，灌区建设与流域生态环境发展相协调，是“自然社会经济生态”可持续和谐发展的灌区。

1.3.3　生态节水型灌区建设的主要研究内容

当前生态灌区建设中技术创新的重点是灌区沟渠系统的生态化。大量的研究和探索工作集中于灌区沟渠生态护岸建设、灌区护岸生态材料选择等方面，目标是建设有利于护岸净污和生态系统良性循环的沟渠系统。节水技术也是灌区建设的重要工作和研发任务。学者们主要从灌区水资源优化配置、灌溉方式、施肥方法等方面进行了大量研究，这些研究对节水减污起到了重要作用。另外，灌区的自动化建设与信息化逐渐受到重视，部分灌区进行了自动化控制设计，实现了干渠的水量控制。目前在国际上，美国、日本、丹麦等国家已经构建成熟的灌区规划管理体系，实现了水量控制、水质监控、节约用水、内部循环等生态化、信息化、现代化的生态灌区建设模式。我国当前的研究和建设工作大多集中在生态型灌区建设的某些方面，对生态沟渠建设技术的研究和应用还不够系统，大量工作还停留在技术创新的理念上，距离应用还有一定距离。我国的灌区节水研究不能仅仅停留在灌溉层面，尚需对灌区系统进行科学规划，以实现节水减排和再生水循环利用。同时，亟须对大量灌区产生的废弃物（秸秆）等进行低耗能、广适性技术的研发应用，最终实现灌区的生态建设目标，达到资源、经济、社会、生态的和谐统一。

1.3.3.1　生态节水型灌区规划方法与生态建设模式

针对灌区总体布局灌排水系堵塞不畅、规划生态观念薄弱、沟渠硬质化现象严重、洼陷湿地布局不合理、系统净污和调蓄水能力下降等突出问题，应重点开展以下研究：基于生态学原理的灌区规划与生态建设模式；生态节水型灌区灌排系统和湿地布局规划方法；灌区生态环保型农业结构与调整规划方法。目标是实现灌区农业结构的优化布局和生态环境的合理规划，灌区灌排系统畅通和湿地布局合理，生态建设模式先进，良性发展。

1.3.3.2　灌区生态环境需水与水资源高效优化配置

针对灌区农业用水、生活用水、工业用水挤占生态环境用水，水资源配置不合理，灌区生态环境用水得不到保障，灌区生态系统退化等问题，要开展的研究有：灌区生态环境需水与水资源综合配置理论，维持灌区生态水量的控制方法和工程措施，灌区农田退水循环利用技术和系统控制，灌区水资源综合管理模型的研发及其应用，不同类型灌区水量控制方法和工程措施，水资源高效利用和农田退水循环利用的原则、准则、指标、方法、技术及其政策措施。

1.3.3.3　灌区沟渠和湿地生态化建设

针对沟渠顺直化、单一化、硬质化引起的面源污染截留能力减弱、基底生境退化、水生生物消失和生物多样性下降等突出问题，要开展以下工程技术研究：灌区沟渠纵横形态与断面形式生态化技术，沟渠生态护坡与基底生态修复技术，沟渠退水水质强化净化生物装置技术，灌区湿地系统构建和水质净化技术。目的是既实现“边坡生态化、面源截留净化、沟渠绿色化”，又确保沟渠“输水高效、结构稳定、施工便捷、管理简单和投资节省”。

1.3.3.4 灌区污染物截留净化与资源化高效利用

针对农田退水、养殖废水、田间秸秆塑料、村庄生活污水和垃圾等引起灌区污染的突出问题，要开展以下核心技术研究：灌区村镇地表径流拦蓄与资源化利用技术，灌区农田排水生态拦截与养分再利用技术，灌区农田废弃物（特别是秸秆）处置与资源化技术，灌区村庄生活污水和垃圾处理与资源化技术，畜禽和水产养殖业污水和垃圾处理与资源化技术。采用灌区污染物有效截留净化、秸秆资源化高效利用系列技术，在治理灌区污染的同时，可实现灌区潜在资源的高效开发和利用。

1.3.3.5 灌区水肥精准灌溉与水量水质自动监控系统

以灌区作物生长、化肥施用、农田排水、水体污染为重点，开展灌区水肥精准灌溉的计量与水量水质自动监控技术的研究，这些研究包括：灌区水肥精准灌溉的计量装置与自动化控制技术，灌区土壤水分、作物生长信息监测与水肥精准灌溉系统，灌区田间水分长期监测和反馈调控系统，各级灌溉渠道水量、水位和农田排水量、水质监控系统。目的是形成不同类型灌区水肥精准灌溉与水量水质自动监控系统，实现对灌区水肥、污染物“智能、节约、生态、高效”的自动化管理。

1.3.4 生态节水型灌区建设的技术思路与关键技术

1.3.4.1 技术思路

生态节水型灌区建设应该在流域的层面上，以综合治理为指导方针，以水肥高效利用与面源污染物协同控制为理念，以灌区渠道、排水沟、水塘、湿地和村镇居民生活污水为对象，以面源污染物削减、生态拦截与沟道修复为重点，以节水为关键，以生态改善为目的，实现灌区“节水、减源、截留、生态”的总体目标。

在生态节水型灌区建设技术体系中，应遵照总体设计思路，以灌区各类污染源控制技术研发为重点，通过沟渠系统的生态工程建设和污染物强化净化及生态截留技术的创新，实现对灌区氮磷、农药、重金属等污染物的有效截留，同时，在灌区中因地制宜地构建洼陷生态湿地系统，对灌区沟道排放出的污染物进行强化净化，实现灌区水资源和肥料农药的循环利用，并通过灌区灌溉排水信息化、智能化管理，形成生态节水型灌区的最佳管理模式。

1.3.4.2 关键技术

针对传统灌区存在的突出问题，围绕生态节水型灌区建设内容，笔者认为，灌区建设关键技术应包括灌区生态规划方法与生态建设模式、灌区生态环境需水与水资源高效优化配置、灌区沟渠生态化建设、灌区污染物资源化处置与高效利用、灌区生态环境信息自动化监测与控制系统5个方面。本节就当前最受关注的灌区沟渠系统生态化建设和修复技术、灌区污染物源头控制和截留净化技术、灌区洼陷湿地系统的构建与农田退水的循环利用技术、灌区水肥精准灌溉和水量水质监控技术进行重点分析，阐述生态节水型灌区建设的主要问题及关键技术难点，旨在为灌区节水、控源、高产、生态的良好愿景提供技术支持和理论依据。

(1)灌区沟渠系统生态化建设和修复技术

灌区沟渠系统的生态化建设是国内外灌区建设者及学者非常重视的热点问题。本书针对灌区输水渠道“三面光”全衬砌导致生物栖息地破坏和水陆生物通道阻隔的突出问题，提出采用防渗型护岸砌块、水陆动物联通带等系列生态工程建设技术，通过混凝土材料改性、结构形式优化、植物组合配置等方法，实现渠道输水效率的提高和生物生境条件的改善。对已经建成的混凝土全衬砌渠道，采用现场修复改造防渗性生态槽、生物逃逸通道等核心技术。针对灌区排水沟道边坡硬质化防护导致净污能力下降和生物栖息的环境破坏的突出问题，通过构建生态排水沟道，运用生态净污砌块、沟道水生植物、生物净化器，实现对农田排水氮磷的生态拦截；在生态排水沟中设置便携式水质净化器、复合人工湿地净化箱等，充分利用微生物净污介质耦合微生物作用增强沟系净污能力，使沟系不仅具有显著净污效应和生态功能，而且不影响排水功能的发挥。同时，针对顺直化排水沟对农田排水持留时间不足和面源净污能力有限的突出问题，开发排水沟带状湿地、梯级平底湿地，实现排水间歇期水体滞留和湿地原位净化，并根据排水面积、排水量和污染负荷调节湿地面积和植物种植密度，对灌区面源污染进行有效净化。借助植生净水石笼、水生植物、柳捆、净水小溪等，构建纵向蜿蜒的结构形态，增加排水停留时间，增强面源净化能力，改善水环境质量，营造适宜生物栖息的环境，形成生物多样的健康沟渠。

(2)灌区污染物源头控制和截留净化技术

针对灌区面源污染物类型多、来源广、成分复杂等突出问题，按照“因地制宜、高技术、低建设与运行成本、低维护、资源化利用”的原则，开发适合灌区农田退水、农村生活污水、农村生活垃圾、畜禽养殖、水产养殖、村镇地表径流等不同类型污染物的源头控制和截留净化整装成套的创新技术体系，实现灌区污染物控制技术在高效、节能、节地方面的重要突破。利用置于田埂的水稻田退水水质净化装置，拦截退水中氮磷物质，利用活性炭吸附水中重金属、残留的农药等有害物质，实现水质净化装置结合退水排放过程中形成的生态型排水方式，在不改变农业生产格局的前提下实现水质净化、排水通畅。针对灌区生活污水的处理净化问题，在传统污水处理技术的基础上，利用生活污水复合渗滤强化净化系统，因地制宜，利用岸坡大小坡度设置厌氧发酵池、厌氧滤床槽、反应槽、接触曝气槽、生物滤料池及渗滤墙等污水净化单元，借助活性炭、零价铁和微生物的协同强化作用，实现对灌区面源污水的强化、净化。

(3)灌区洼陷湿地系统的构建与农田退水的循环利用技术

灌区农田退水湿地净化与循环利用技术是灌区技术体系的重要组成部分。人们开始重视农田区域洼陷结构的利用和重构，以实现对灌区排水污染物的进一步截留净化。通过长期研究和工程实践，笔者研究团队从节水高效控污的灌排系统的设计与工程形式方面进行技术开发与集成创新，提出了适合灌区不同灌排系统格局的洼陷湿地系统与农田退水循环利用技术体系，实现灌区水肥的高效利用和节约。研发灌排耦合水循环利用节水减污技术，利用循环调节湿地，对灌区田间排水进行净化减污，减小农田面源污染物外排对河流和湖泊造成的影响，处理后的水体通过灌排耦合系统回用灌区，提高了灌区水肥利用效率。依据地势特征因地制宜地构建灌排功能相结合的生态净污系统或自灌自排生态型灌区系统，达到自灌自排和水资源高效循环利用的目的，并通过多级阶梯形生物强化人工湿地的净污作用，有效控制灌区排水面源污染物①。同时利用灌区内水塘、断头浜等洼陷结构构建水田排水湿地系统，有效拦截面源污染，改善水质，为动物提供栖息空间、生存环境和生物保育条件。

(4)灌区水肥精准灌溉和水量水质监控技术

节水减排、节水减污是生态节水型灌区建设的重要内容，也是农业面源控制的根本途径和建设目标。当前，国内外在灌区建设中已经在尝试开展自动化监测系统研究、采用作物智能化精准灌溉监测控制技术。针对灌区用水量大和准确计量困难的突出问题，研究者采用多种非电量间接测量及嵌入式程控技术对灌溉渠系过水量实施精准计量，研发了水量计量及自动闸门一体化、田间灌溉自升降式、灌溉沟渠倾角式等田间灌溉水量计量自动化和一体化装置，形成不同类型灌区水肥精准灌溉与水量水质监控系统，提升对灌区水分、肥料、退水污染物的“智能、节约、生态、高效”自动化管理水平。通过精准计量的用水总量控制，依靠经济杠杆作用，实现高效节水和有效控污的目标。同时，在水量水质监控管理方面，采用农田灌区水量监控及调配信息系统，实现实时监控灌区渠系水情及闸门运行状况，及时准确反馈和预测灌区水量分配状态，为灌区水量调配提供决策依据。对灌区各级闸门进行远程控制，可有效提高灌区水量计数和水价计算，强化节水意识和经济杠杆作用。采用农田肥力及土壤温湿度自动监控系统，对农

① 王沛芳，王超，钱进，等.灌区稻田排水沟串联湿地净污系统：江苏，CN201410036964.1[P].2014-01-26.

田进行长周期全天候监控，统计分析监控周期内的温湿度数据、肥力元素（N、P、K）含量，并基于相关数学模型对农田运行状态给出评级，自动形成分析报告，为优化资源配置、提高劳动生产率提供指导。农田灌区面源污染监控及预报系统，主要针对农田灌区排水系统水体中的 TP、TN、NH_3-N、NO_3-N、PO_4-P 以及重金属元素 Mn 等重要污染物质量浓度进行长周期监控，并对这些质量浓度数据的变化情况进行统计分析，为灌区面源污染控制提供依据①。利用最终形成的不同类型灌区生态环境信息自动化监测与控制系统，实现对灌区水分、肥料、面源的"智能、节约、生态、高效"自动化管理。

1.4　中国现代化灌区存在的问题与解决方法

我国的农业灌区大多建立于 20 世纪中期，由于历史原因和经济体制的原因，这些灌区运行管理中存在着诸多问题：运行成本远高于水价；设备老化破损不配套；灌区的维护经费不足，财政经费不能足额到位；水费收取方式不合理，甚至部分灌区还在按灌区面积收费；灌区末级渠系管理主体缺位等。

随着全球性水资源短缺，能够使灌区走向高效节水、科学管理、良性运行的灌区信息化建设，成为解决上述问题的有效途径。本节重点对中国现代灌区信息化建设提出观点。

1.4.1　我国灌区信息化建设存在的问题

目前，我国大型灌区管理能力的建设与提高相对滞后，灌区信息化建设工作还处于比较低的水平，面临着各方面的问题，主要表现在以下几个方面。

1.4.1.1　灌区信息化建设的投入不足

灌区的信息化建设是一项长期的工程，具有自身的综合性和持续性，一般的私人资金又因为无利润回报不会投向灌区②，各级政府财政支持不足，相关系统工程的建设不能配套，难以发挥已建工程的效益和作用。比如有的灌区建设了水情信息采集点和闸门控制点，受资金制约还没有开发业务应用软件，采集的数据也就无法应用；有的灌区仅用几万元建立一个简易软件，应付使用。灌区的发展是农业的支柱，资金投入不足制约着灌区的信息化建设，也必将会影响我国农业的发展进程。

1.4.1.2　缺乏统一的标准规范

目前，行业内存在许多信息系统开发的标准规范，但并没有针对灌区信息化

---

① 河海大学. 农田灌区面源污染监控及预报系统：江苏，2015SR070142[P]. 2014-09-23.

② Ministry of Water Resources and Electric Power. Irrigation and drainage in China[M]. Beijing: China Water Resources and Electric Power Press, 1987.

建设的统一指南和标准，专用网络没有统一规划，也没有规定水利信息软件的统一结构，导致了各灌区信息化建设软件开发的重叠，甚至重叠的水平较低。不仅造成了灌区系统资源的浪费，同时严重阻碍了各灌区信息资源的共享，严重制约了水利信息应用水平的提高。

1.4.1.3 信息采集、传输水平较低

(1)信息采集点少

由于资金、设备不足等限制，多数灌区中布置的信息采集点较少，不能准确、及时、有效地采集水资源的各项特征值、灌区土壤墒情，以及灌区灌溉、管理、水资源调度所需要的其他信息，使得多数灌区无法制订动态的灌溉计划，水资源调度也凭经验进行，根本无法适应作物生长结构及水情变化，必然造成水资源的浪费。

(2)信息采集手段落后

大部分灌区观测站点的信息采集设施陈旧落后，信息采集主要靠人工，而且人工观测的准确度和实效性较低，不能满足指导灌溉的需要。

(3)缺乏多元化的传输方式

目前，部分灌区的信息化建设已见成效，信息的传输手段也趋于多元化。但多数灌区的信息传输手段较为单一，监测的水情、土壤墒情、作物长势等信息只能通过传输模拟信号的电话线作为媒介进行传输，缺乏时效性。

1.4.1.4 重硬件、轻软件

灌区建设中存在重视硬件建设、轻视软件开发及推广应用的倾向。这种倾向的影响主要有以下几点：

(1)灌区的硬件设备不能充分发挥作用。

(2)灌溉系统的操作及维护较为困难。

(3)水情、土壤墒情、作物长势等数据的整理、分析等工作还需要手工操作，没有真正减轻工作量。

(4)软件开发投入少，已经开发的软件推广应用不力，严重制约灌区信息化水平的提高。

1.4.1.5 各灌区信息化系统之间接口困难

灌区系统之间的接口包括各子系统之间的接口和灌区系统与中央、流域、省(自治区、直辖市)、地市和县级等5个层次之间的接口①。

目前大多灌区已经建立了自己的局域网络系统，由于各个灌区的发展程度存在差异，各水利职能部门业务重点不同，各层次、各区域工程建设的规模、重点

① 黄显峰，邵东国.我国灌区信息化建设面临的若干问题与对策[J].水资源保护，2005(3)：69-70.

和实施时间、具体建设技术方案不同，各灌区局域网络系统之间的接口困难，同时也影响了信息的共享。

1.4.1.6 信息化管理人才缺乏

部分灌区缺乏从事灌区信息化建设的专门技术人才，现有的管理人员技术水平较低，缺乏专业的管理维护，容易造成系统的落后，使建成的灌区信息系统无法充分发挥作用。直接影响了信息化的效益，容易造成使用者对信息化的不信任。

1.4.1.7 信息安全性差

各灌区建立有自己的网络平台，各自为政，容易给用户的使用带来不便。在交叉使用时存在安全隐患：用户被冒名登录、网络服务被攻击、信息数据泄露、信息数据被盗和被篡改等。

1.4.2 实现灌区信息化建设的解决方法

1.4.2.1 加大投入，多渠道筹措资金

调动各方面积极性，多渠道筹措资金，如支农、农水补助、国土整治等，保证项目建设；建立有效的资金落实保障机制，专款专用。资金的来源应形成“政府引导、社会共建”的多渠道、多元化投资格局，即“政府投资、政策集资、社会融资、民营出资、银行贷款、利用外资”①。

1.4.2.2 全面规划，统一标准

灌区信息化建设工程的各项步骤实行统一组织和管理，制定灌区信息化建设的技术标准和相关政策，建立灌区信息化标准体系，包括：建立规范化的数据分类和编码标准、元数据标准及管理标准、术语和数据字典标准、数据质量控制标准、数据格式转换标准、空间数据定位标准、信息系统安全和保密标准、信息采集与交换标准等②，从而指导大型灌区信息化建设中的信息源建设。

1.4.2.3 资源共享，建立公共平台

充分利用网络资源，建立灌区的公用数据库、灌区通信及公共网络平台。各灌区针对自身条件及实际需要，建立各灌区的公共通信网络，保证信息传输、处理的实时准确，并确保安全性。灌区的共用数据库应包括雨情、水情、闸位、工情、墒情、水质、气象和视频等方面的内容。建立技术支持、项目申报审批、项目管理等综合性平台，使灌区信息化建设前期咨询、中期监督、后期评价以及获取技术支持更加迅速、客观、高效。

---

① 广东省水利厅. 广东省水利现代化建设规划纲要[M]. 北京：中国水利水电出版社，2002.

② 刘汉宇. 水利信息化标准体系建设的思路[J]. 水利技术监督，2003(1)：9-11.

1.4.2.4 加强科研，软件、硬件一起抓

通过引进诸如数学模拟仿真技术、GIS 技术、GPS 技术、RS 技术、数据库技术、多源信息同化技术等高新技术，与科研院校、有技术实力的企业合作联合攻关等，开发适用于灌区的软硬件新技术、新产品，同时要注意避免低水平重复开发，提高大型灌区信息化建设资金的使用效率。

1.4.2.5 建立信息安全体系，保障系统安全

建立完整的灌区水利信息安全体系，预防因断电或操作失误造成的数据信息丢失，预防设备被盗、被毁，预防雷击、地震等突发性因素造成的损失等。从而保障灌区信息化工程建设和运行管理的顺利进行。

1.4.2.6 加强灌区人才队伍建设

加速人才的培养是灌区信息化建设顺利进行的重要保障。目前大型灌区信息化人才严重缺乏，应针对各灌区自身的实际需要，落实引进人才的优惠政策，建立良好的用人机制，完善人才的引进机制，加强灌区技术人员的引进和培训工作，提高技术人员的专业素质，为推进大型灌区信息化建设奠定坚实的基础。

PART 2 | 第二部分

系统设计篇

第 2 章　基于ZigBee监测与预报系统的设计

ZigBee 技术是由英国、日本、美国和荷兰公司在 2002 年联合共同研究开发的一种无线通信技术。该技术基于 IEEE 802.15.4 标准各域网协议，是一种新兴的无线传感器网络技术，它不但具有低功率、低功耗等特点，而且具有强大的动态组网能力，网络节点最多可达 6 万多个。ZigBee 网络节点之间的有效传输距离从几百米到上千米，传输带宽在 20～250KB/s。其主要目标是实现易构建、短距离、高可靠性、低成本以及高灵活性的通信网络，目前已广泛应用于工业控制、环境监测、医疗卫生等领域。用户可通过 ZigBee 协议栈实现对网络功能的建立和应用。ZigBee 协议栈包括物理层（PHY）、媒介访问控制层（MAC）、网络层（NWK）、安全层和应用层（APL），用户只需在应用层的应用框架下对 ZigBee 设备对象进行调用、选取及功能设置便可以根据需要构建自己的 ZigBee 无线网络。

在 ZigBee 网络中有两种无线设备：全功能设备（FFD）和精简功能设备（RFD）。FFD 可以与 FFD、RFD 通信，而 RFD 只能与 FFD 通信。RFD 之间需要通信时只能通过 FFD 转发。ZigBee 网络按照功能节点类型协调节点、路由节点和终端节点。协调节点是 ZigBee 网络的核心，负责发起建立网络、管理网络中的各功能节点、收集汇总各终端节点传输的数据等，它必须是一个 FFD。路由节点则负责路由发现、消息转发和连接新节点扩建网络等，也是一个 FFD。终端节点是网络中功能较简单的节点，可以是一个 FFD 或 RFD，通常与数据传感器相连负责发送采集到的数据。

ZigBee 网络拓扑结构有 3 种形式：星型结构、树型结构、网状结构。它们的结构示意如图 2-1 所示。

星型结构一般是由一个 ZigBee 协调节点和几个终端节点构成的呈星状的网络结构。协调节点（FFD）位于该网络结构的中心，负责发起、建立和维护整个网络。终端节点直接与协调点进行信息交换，一般情况下为 RFD（也可以是 FFD），但终端节点必须位于协调节点射频覆盖范围内。星型结构的控制和同步

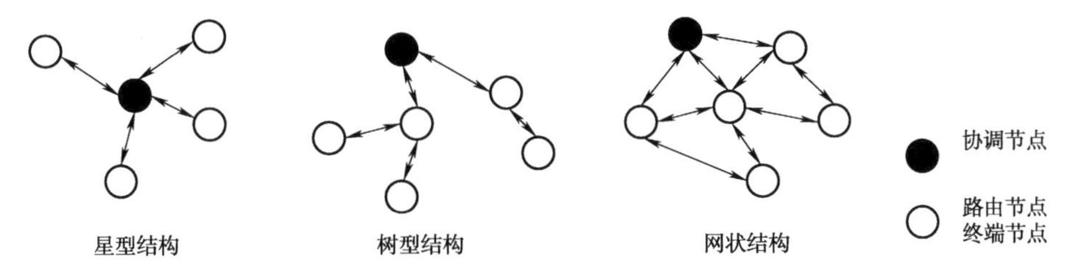

图 2-1　ZigBee 网络拓扑结构示意

相对简单,通常适用于节点数少、所测数据单一的场合。树型结构采用的是簇树路由方式传输数据和信息。簇树枝干末端的叶子一般为 RFD,每个簇首(FFD)向与它相连的叶子节点提供同步服务,同时这些簇首(FFD)又受到网络协调节点的控制,协调节点比网络中其他簇首都具有更加强大的数据处理功能和存储空间。树型结构最显著的优点是网络覆盖范围大,但随着节点的增多,信息的传输时延和同步复杂程度会增大。网状结构中的骨干网由若干个 FFD 连接构成,所有 FFD 通信地位是相等的,这些节点中会有一个被推荐为整个网络的协调节点,起着构建网络和控制其他节点的作用。骨干网络中的节点还可以连接骨干网以外的其他 FFD 或 RFD 组成以它们为协调节点的子网络。网状结构是一种可靠性高、具有自动恢复能力的网络结构,可以为数据包提供多条传输路径,若某一条出现故障,其他路径可以补充,保证数据传输安全。两个节点间的传输路径太多,本身也是一种浪费。

2.1　设计方案

2.1.1　ZigBee 网络监测系统设计

ZigBee 网络节点按其功能可分为传感器节点、控制器节点和网关节点,各节点都布置于大田中。墒情数据由传感器测得,经传感器节点发射,通过 ZigBee 无线网络最终到达网关节点,网关节点对数据稍作处理后再经 GPRS 网将数据传输到远程控制中心,远程控制中心负责对数据分析和处理,供灌溉预报和灌区水调配使用。同时远程控制中心可根据需要对控制器节点实施远程人工或智能控制,以实现对灌区管理的自动化控制。

所有 ZigBee 网络节点都是在 CC 2530 无线微处理模块基础上拓展开发而来。CC 2530 是 TI 公司最新推出的 ZigBee 新一代 SOC 芯片,支持 IEEE 802.15.4/ZigBee rf4ce 标准,拥有高达 256KB 的闪存空间,具有 8 路输入和可配置分辨率的 12 位 ADC,结合了高性能的 RF 收发器与增强型 8051 微处理器,支持一般的低功耗无线通信。CC 2530 配备 TI 的一个标准兼容的网络协议栈,可方便用户功能开发。

2.1.1.1 传感器节点、控制器节点

ZigBee 网络传感器节点是将土壤墒情传感器与 ZigBee 无线模块连接一起构成的，通过微处理模块内部的 A/D 转换器将采集的数据由模拟信号转换成数字信号并由射频模块发送出去。控制器节点则是在传感器节点硬件基础上扩展了电磁阀开关模块。传感器节点与控制器节点都采用电池供电，结构示意如图 2-2 所示。

传感器节点主要功能是采集并发送数据到 ZigBee 网络，而控制器节点除了执行传感器节点的任务外，在接到网络传来的灌溉命令后要执行该命令，他们的功能流程如图 2-3 所示。

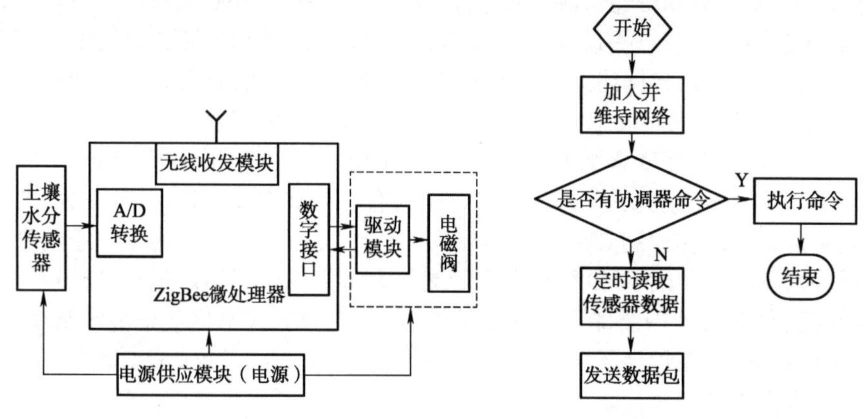

图 2-2　传感器节点与控制器节点结构示意

图 2-3　传感器节点与控制器节点功能示意

下面以某传感器节点执行功能为例，其主要程序如下：

```
If defined (HAL_MCU_CC2530)
Int16 value = 0;
ADCIF = 0;
ADCCON3 = (HAL_ADC_REF_AVDD | HAL_ADC_DEC_128 |
HAL_ADC_CHN_AINO);
While(! ADCIF);              // 等待数模转换结束
Value = ADCL;                // 得到结果
Value |= ((uint16) ADCH) << 8;
If (value < 0)
    Value = 0;
Value = value >> 6;
Return value;                // 返回结果
Else
Return 0
End if
```

2.1.1.2　ZigBee 网络网关节点设计

网关节点是由 ZigBee 无线模块、GPRS 模块和计算机构成的，负责整个 ZigBee 网络的建立与维护，收集各传感器节点采集到的墒情数据和区域气象信息，稍作处理后发送到远程控制中心。网关节点是 ZigBee 网络的枢纽，是墒情数据的中转站。ZigBee 模块作为网络协调器使用。计算机作为数据处理与灌溉操作平台，完成各单元采集数据的处理，实现本区域土壤墒情监测和编制需水计划。通过 GPRS 模块连接到 GPRS 无线网络，数据被传送到远程控制中心。网关节点的结构示意如图 2-4 所示，功能示意如图 2-5 所示。

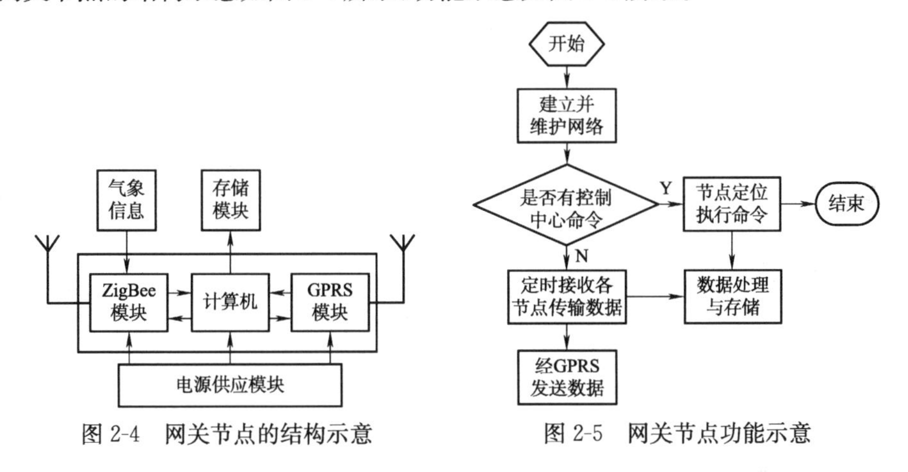

图 2-4　网关节点的结构示意　　　　图 2-5　网关节点功能示意

2.1.2　远程控制中心设计

远程控制中心是灌区墒情数据的处理中心，主要作用是查询各基本单元的墒情变化，执行灌溉预报与决策，综合区域水源，制订灌水计划并实施远程人工或自动控制灌溉。控制中心功能示意如图 2-6 所示。

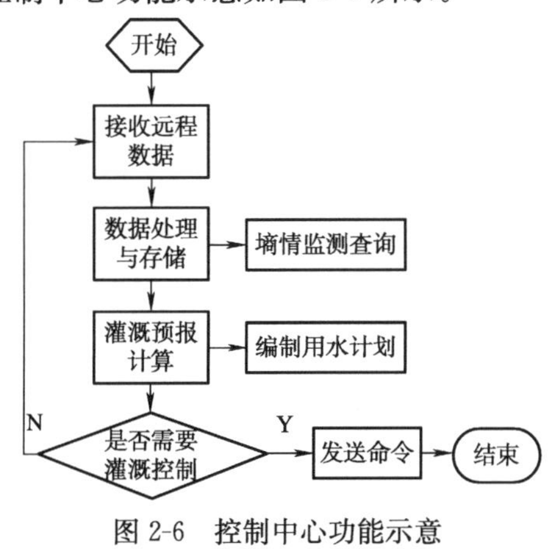

图 2-6　控制中心功能示意

2.1.2.1 灌溉预报功能设计

预报方法的选择决定预报的准确性和可靠性，本书采用水量平衡法对田间水分变化做出预报。另外，预报以实测的土壤含水量进行实时修正，提高了预报精度。

预报的土层厚度按作物不同生育期的计划湿润层深度计算，结合布点中传感器垂直方向分层布置实施预报。通过加强田间灌溉管理，田块作物计划湿润层内作物的水量平衡方程为：

$$W_i = W_{i-1} + Pe + Ge - ET$$

式中，W_i、W_{i-1}为第 i 日末和($i-1$)日初的土壤含水量；Pe 为该日有效降水量；Ge 为该日地下水补给量；ET 为该日作物需水量（$ET = ET_O \cdot K_C \cdot K_S$），$Kc$、$Ks$ 分别为作物系数和土壤水分胁迫系数。以上各值单位为毫米。

预报计算采用逐日法，以基本单元为预报单位，计算前先确定单元的各项属性如土壤类型、作物种类及生育期、时间序列等，然后输入预报未来 n 天（n=1，2，3…）的单日气象预报资料。逐日土壤含水量计算步骤如下：

(1)将预报执行前的最后一次实测土壤含水量作为 W_{i-1}，通过当日地下水位、气象预报资料计算 Pe、Ge、ET 各项，代入水量平衡方程计算出 W_i。

(2)将 W_i 值作为计算下一天灌溉预报的 W_{i-1}，用下一天的各项资料预报值计算出相应的土壤含水量，依次计算 n 次。

(3)将最后结果与数据库中当前作物生育期土壤水分控制下限 θmin 对比，从而得出预报结论。在计算过程中，将每次计算得到的当日末土壤含水量 W_i 与当前作物生育期土壤水分控制下限 θmin 对比，若 $W_i > \theta$min 则继续执行预报操作，否则终止预报操作，输出计算运行次数作为预报灌水间隔天数。灌水量由灌溉决策模块根据实际情况求得。预报决策功能程序如图 2-7 所示。

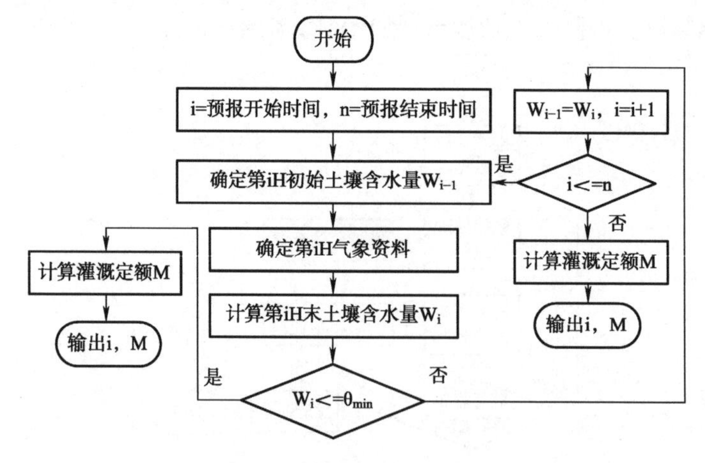

图 2-7 预报决策功能程序

2.1.2.2　灌溉决策功能设计

灌溉决策是以实测的土壤含水量为依据，以作物生育期控制土壤水分上下限为目标实施的。当实测土壤含水量达到作物生育期所需土壤含水量下限时，首先确定近几天的降雨情况，然后结合水源水量供给、渠系布置及参考作物水分生产函数等情况确定灌水模式，最后计算灌水定额，实施灌溉。灌水定额的计算公式为：

充分灌溉模式：$M_1=100H \cdot r(\theta_{max}-\theta_{min})$（$m^3/hm^2$）

限额灌溉模式：$M_2=100H \cdot r(K \cdot \theta_{max}-\theta_{min})$（$m^3/hm^2$）

式中，K 为非充分灌溉条件下灌水上限系数，H 为各生育期计划湿润层深度，r 为土壤干容重，θ_{max}、θ_{min} 为各生育期控制土壤水分上下限（以田间持水量的%计）。

2.1.2.3　数据库功能及应用

数据库在该方法中，对灌区精确预报、数据处理等方面具有重要的作用，其功能主要体现在以下几个方面：

(1)分别存储所有单元的实时土壤水分、气象数据。

(2)及时、准确地提供土壤及作物相应生育阶段的信息用于灌溉预报与决策。

(3)记录预报结果和灌溉实施方案。

(4)通过时间序列实时、准确地更新作物不同生育期的相关信息，结合土壤墒情、气象资料，实现自动模式下的精准灌溉。

(5)对相应数据分析、汇总以方便用户查询。

2.2　实践应用

2.2.1　ZigBee 应用灌区监测与预报研究

将墒情监测和灌溉预报与 ZigBee 技术相结合可以有效解决大尺度灌区灌溉预报的准确性和实时性以及实现灌区管理的信息化、自动化问题，动态掌握灌区土壤墒情、作物生长特性以及灌区需水状况，结合区域水源量可以实现水资源的优化配置和提高灌溉水利用效率。

如何保证网络资源最优化配置，网络运行安全、可靠，监测数据如何确保准确、有代表性，需要综合考虑墒情监测点和 ZigBee 网络节点的布置。通过对灌区合理分区，使基本单元内土壤墒情、作物种类、气象信息等基本一致，用监测点的数据代表该单元的基本情况，合理布置单元内 ZigBee 无线传感网络监控系统，实现灌区土壤墒情的实时监测与灌溉自动控制。灌区的墒情监测和灌溉预报结构示意见图 2-8。

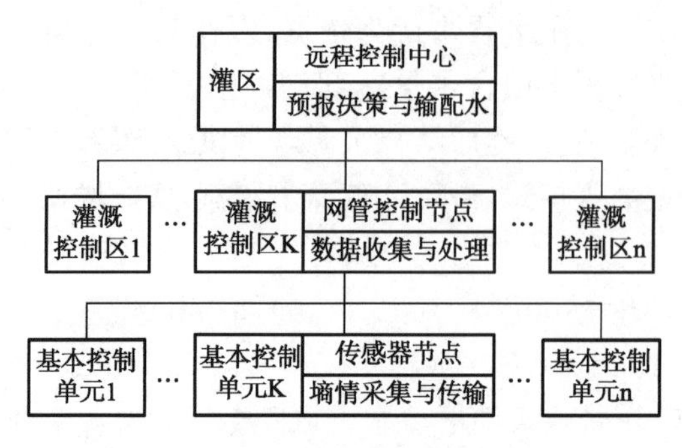

图 2-8　灌区监测与灌溉预报结构示意

2.2.1.1　监测单元划分

为保证灌溉预报的精确小、可靠，首先要解决灌区的土壤水分空间变异性问题，对于大尺度区域(如 100km^2)还要考虑气象条件的空间差异。合理划分灌区监测单元是解决空间变异性问题的关键。

监测单元的划分要综合灌区的水源供给形式、渠系布置、气候条件、地形地貌、土壤类型、作物种类及地下水埋深等情况，将灌区分为灌溉控制区和基本控制单元两个层次，以基本单元为单位实施灌溉预报与决策，以控制区作为独立灌溉信息管理部门，实现灌区灌溉管理的高效率、实时性和低成本。灌溉控制区的划分是以现行的灌区局、站管理模式将各个灌溉管理站(支渠管理站)所管辖区域作为灌溉控制区，控制区内再进行基本控制单元的划分。

划分基本控制单元，其目的是保证单元内影响预报结论的各个因素条件基本一致。划分的方法是先以土壤类型、质地及理化性质等对灌溉控制区进行分区，然后在此基础上根据渠系布置特点再分区，最后按作物种类划分为不同的基本控制单元。以土壤类型、质地及理化性质进行分区，把田间持水率和作物凋萎系数作为主要的控制指标，同时考虑土壤养分及含盐碱量对作物的影响。渠系布置方面重点考虑了输水灌溉的运行方便与高效率，在支渠范围内土壤类型或作物种类有差别的结合斗渠分区，斗渠范围内有差别的则考虑农渠分区。以作物种类划分基本单元，依据不同作物种植相对集中的区域划分，对于不同种类作物分散种植的，采取了以主要经济作物相对集中区进行划分。在控制区内，土壤类型、作物种类、气候条件等基本一致或绝大部分一致时，采用了以斗渠实施轮灌的轮灌组进行划分基本单元。灌区内有河流、低洼地或盐碱池的，除了按土壤类型和盐碱度进行分区外，还考虑了地形坡度、坡位及气候等情况。基本单元的划分还应考虑灌区水源分布与水量、水质的特点，就近供水、分层配水，从而提高灌水利用率和灌区总的经济效益。

2.2.1.2　墒情监测点选择与布置

墒情监测点选择与布置的目的是保证采集的土壤含水率数据准确、可靠的代表整个基本控制单元，其核心问题是确定节点数目和节点位置。传统的监测节点布置方法通常为等边三角形、正方形或者六边形等系统采样法，该方法虽然准确但对于大尺度区域监测来说，监测成本太高并且没有必要。胡玲、杨诗秀等运用多种方法对农田内不同区域、农田尺度的土壤水空间变异性进行分析研究，确定了估计精度下的监测点数目。综合以上研究成果以及考虑到灌区规划过程中，支渠范围内的土壤类型、气候条件、地形地貌等已趋于相似，再分区后，单元内作物生长的外部条件更加一致，因此监测节点数目可根据单元面积大小和形状进行确定，一般保持 1～3 个，最多不超过 5 个。

监测点在单元内均匀布置，位点的选择要有代表性如地势平坦开阔、周围作物长势均匀的点，远离村庄、渠道出水口，避开低洼地及积水区，与沟槽、道路保持一定距离（不得少于 15m）等，坡度较陡的单元要在坡顶、坡中和坡底分别布点。有管网的单元要使节点靠近电磁阀布置。监测点由埋入土壤的水分传感器与 ZigBee 模块连接构成，传感器埋设方法参考了已有研究成果（史岩、李帆等，2006），在垂直方向 20cm、40cm、60cm、80cm 分别布设传感器，实时监测 1m 土层土壤水量变化情况。

2.2.1.3　ZigBee 网络节点布置

ZigBee 无线传感网络监测系统各节点也按划分层次及其职能布置。实际中为区分各节点的应用功能，通常将网络节点与传感器相连的称为传感器节点，与控制器相连的称为控制器节点，协调节点则称为网关节点。传感器节点、控制器节点布置在各基本单元内，负责采集、传输数据；网关控制节点、远程控制中心分别置于灌溉管理站和灌区管理局，对各灌溉控制区和整个灌区实时监控与灌溉预报。

各单元内的 ZigBee 网络节点布置是以监测点为基础，以数据传输安全、可靠，网络运行效率高为原则，适当增加节点数目和合理控制节点间距。不是监测点的网络节点没有设置土壤传感器，只作为路由节点起到路由数据的作用，可灵活布置。网络节点间的距离与 ZigBee 射频模块的设计和能耗有关，一般情况可从几百米到几千米不等。网络采用树型拓扑结构，以管理站的网关节点为中心，向控制区范围内辐射，最外层的监测节点与其最近的内层节点绑定，实现数据定向传输，内层节点之间以网状结构实现数据传输，最终将所有监测数据汇集到网关控制节点。微型气象站靠近控制区中心布置，保证所测气象信息代表整个区域。

网关控制节点对数据稍作处理，一方面存储数据以方便管理站对本区土壤水分情况实时监控、预报并编制用水计划；另一方面经 GPRS 网络传到远程控制中心，灌区管理局则通过该数据实时监控整个灌区，并做出相应的预报与决策。

如图 2-9 所示，以陕西关中某灌区一条干渠的两支渠为例，合理划分控制单元和 ZigBee 无线网络节点的布置。

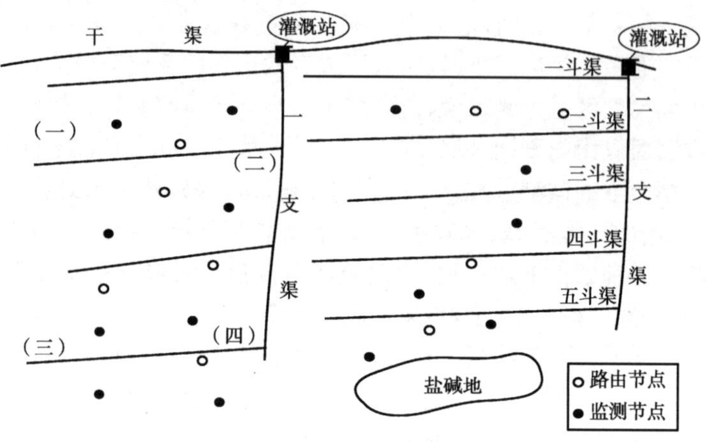

图 2-9　灌区分区与节点布置示意

根据灌区实际情况，结合分区基本要求，分别将两条支渠所控制区域作为灌溉控制区。一支渠内根据土壤类型、渠系布置及作物种类的特点划分为一、二、三、四共 4 个基本单元。一单元与二单元土壤类型一致，主要作物为大豆；二单元为棉花；三、四单元都是以种植花生为主，但土壤类型有差别。二支渠根据土壤类型及盐碱化程度分为两个大单元，在没有盐碱化的单元内，由于土壤条件、作物种类及气候等因素基本均一，结合斗渠轮灌灌溉管理方式，一、二斗渠作为一个基本单元（也是一个轮灌组），三、四斗渠为一个基本单元。五斗渠灌溉范围内由于盐碱化程度较高，作为一个控制单元。按照监测点及网络节点的布置原则实施布点，分区与布点结果如表 2-1 所示。

表 2-1　灌区分区与节点布置

灌溉控制区	基本控制单元		单元特点			网络布点数	
			面积（hm²）	作物种类	土壤类型	监测点	总点数
一支集		（一）	120	大豆	黏壤土	1	23
		（二）	425	棉花		3	
		（三）	220	花生	沙壤土	2	
		（四）	245	花生	黏壤土	2	
二支架	1	一、二斗渠	455	玉米		2	
	2	三、四斗渠	425			2	
	3	五斗渠	210		黏壤土（含盐碱）	2	

2.2.2　数据分析与处理

对采集的数据分析、处理，按照灌溉控制区及控制区内基本单元进行分类管理，通过灌溉预报与决策计算，分析各控制区与区内单元之间灌溉时间与灌水量的关系，结合灌区水源及渠系布置状况，拟定输配水计划。

数据的分析与处理按两个层次进行，即灌溉控制区（管理站）需水预报和灌区土墒监测分析与输配水计划拟定。控制区的需水预报是以区内各基本单元根据实测土壤含水率为依据，通过灌溉预报分析及调整得到的。单元的土壤含水率为各监测点实测值的算术平均值，若监测初始发现各点数据差别比较大或某个点值明显不同于其他点，说明单元分区不合理或监测点的位置选取有问题需要及时调整。控制区（管理站）对各单元监测值进行预报运算，结合单元大小得到灌水时间与灌水量，然后将各预报的时间提前或推后（不超过 3d）集中为一天作为该控制区的预报灌水时间。单元内作物生育期为关键需水期的，以该单元预报时间为准。若时间间隔大于 3d，考虑到该预报是短期实时的，将该单元的预报时间提前。需水量等于所有单元灌水量之和以及控制区内输水损失。灌区管理局通过分析各控制区基本单元的土壤含水率，实时掌控整个灌区的土壤水分变化情况，根据各控制区的需水计划编制灌区总需水计划，结合水源水质、水量，渠系布置等情况实施分水、配水以提高水分利用率和灌区最大经济效益。灌区预报结果分析见表 2-2。

表 2-2　灌区预报结果分析

灌溉控制区	基本控制单元			控制区需水预报	灌区需水预报
	单元名称	监测值	预报值		
一支渠	（一）	A_1	$A_1(T_1,W_1)$	$A(T,W)$	T,W
	（二）	A_2	$A_2(T_2,W_2)$		
	（三）	A_3	$A_3(T_3,W_3)$		
	（四）	A_4	$A_4(T_4,W_4)$		
二支渠	1	B_1	$B_1(T_1,W_1)$	$B(T,W)$	
	2	B_2	$B_2(T_2,W_2)$		
	3	B_3	$B_3(T_3,W_3)$		

注：A_i、B_i 为一、二支渠第 i 单元监测数据平均值；T_i、W_i 分别为预报时间段和需水量。

2.2.3　监测查询与灌溉预报实现

借助于 Visual Basic 6.0 程序开发平台和 SQL 2000 数据库工具，初步实现对灌区各单元监测数据的查询和灌溉预报。

灌区土壤墒情查询功能界面如图 2-10 所示。

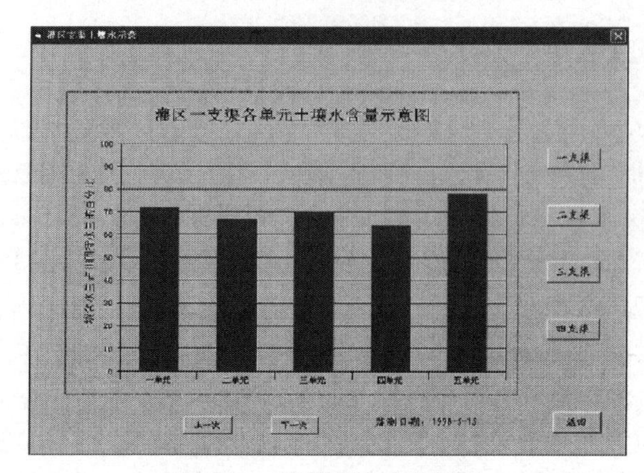

图 2-10　墒情查询功能界面

土壤墒情查询功能主要程序如下：

```
Private Sub Form_Load()
  Ado1. Refresh
  Ado1. Recordset. Move Last
  Call fuzhi
End Sub
…各按钮的实现功能省略
Private Subfuzhi()
Dima(4, 1)
    For i = 0 To 4
    a(i, 0) = Ado1. Recordset. Fields(i). Name
    a(i, 1) = Ado1. Recordset. Fields(i)
    Next i
  Lab1. Caption =Ado1. Recordset. Fields(5)
  MSChart1. ChartData = a             //显示查询结果
End Sub
```

灌区灌溉预报功能实现界面如图 2-11 所示。

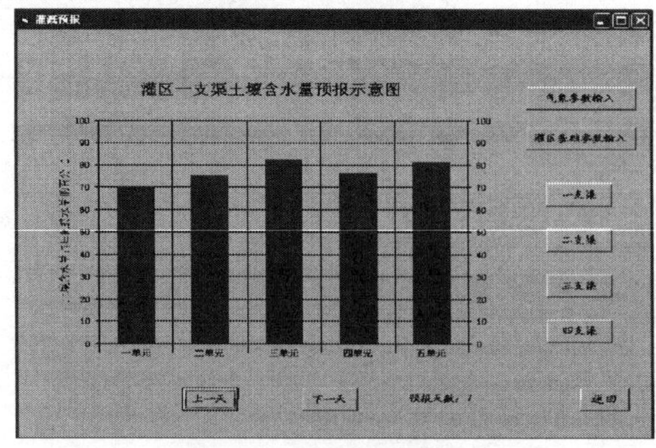

图 2-11　灌溉预报实现界面

灌溉预报功能程序如下：

```
…参数定义省
Private Sub Comd1_Click()
  ybcs. Show
End Sub
//以一支渠为例
Private Sub Comd2_Click()
    Ado2. Record Source = "select * from 一支渠气象"
    Ado2. Refresh
    Ado2. Recordset. Move First
    Ado4. Record Source = "select * from 支渠一"
    Ado4. Refresh
    Ado4. Recordset. Move Last
    For y = 1 To 5
      wrr(y) = Ado4. Recordset. Fields(y)
    Next y
    n = o
For x = 1 To Ado2. Recordset. RecordCount          //气象资料赋值
    n = n + 1
    a =Ado2. Recordset. Fields(1)
    b =Ado2. Recordset. Fields(2)
    c =Ado2. Recordset. Fields(3)
    d =Ado2. Recordset. Fields(4)
    e =Ado2. Recordset. Fields(5)
    f =Ado2. Recordset. Fields(6)
    z =Ado2. Recordset. Fields(7)
      Ado2. Recordset. Move Next
        …参考作物需水量计算省略
    Ado1. Record Source = "select * from 单元作物  where  支渠  ='一支渠'"
    Ado1. Refresh
      For k = 1 To 5                             //五个单元分别赋 Kc 值
    If Ado1. Recordset. Fields(k) = "冬小麦" Then
    Ado3. RecordSource = "select * from 冬小麦  where  月份  = 'z'"
    Ado3. Refresh
    m =Ado3. Recordset. Fields(1)
    ETT = ET * m
    i = (0. 5-0. 15 * GWD) * ETT
    If i > 0 Then
    grr(k) = i
    Else:grr(k) = 0
    End If
    //夏玉米、棉花等同上
    End If
    err(k) = ETT
    Next k
    yu = Pe(f)                                   //有效降水量
    Ado5. RecordSource = "select * from 一支渠预报"
    Ado5. Refresh
```

```
        Do Until Ado5. Recordset. EOF
        Ado5. Recordset. AddNew
        For j = 1 To 5
        wrr(j) = wrr(j) + yu-err(j)                    //各单元预报计算
        Ado5. Recordset. Fields(j) = wrr(j)
        Next j
        Ado5. Recordset. Fields(0) = n
        Ado5. Recordset. Update
        Exit Do
        Loop
    Next x
    Call huatu                                         //显示预报结果
    End Sub
```

灌溉预报的参数和基础数据输入界面如图 2-12 所示。

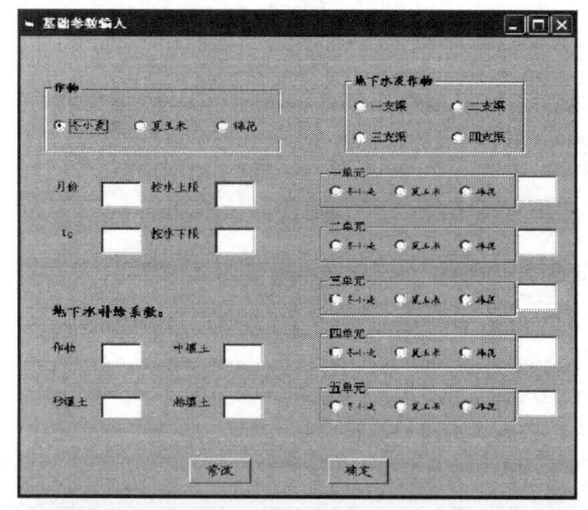

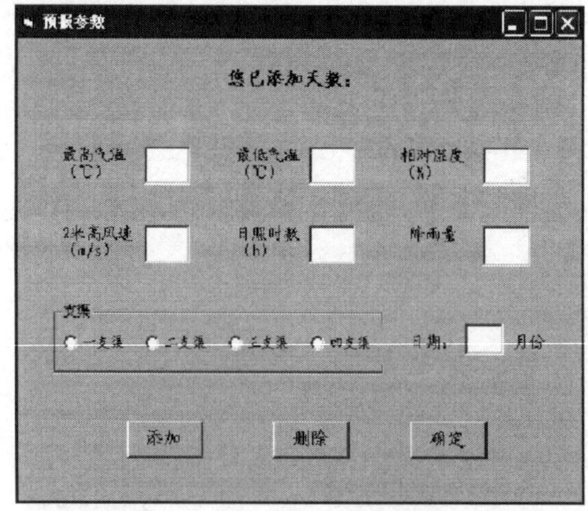

图 2-12　预报参数与基础数据输入界面

第3章　基于Android的灌区智能巡检系统设计

随着4G网络的普及和5G技术的迅猛发展，以及硬件运算速度的不断加快，再加上各种App的便利性，智能手机逐渐走入了人们的日常生活，手机不再仅仅是一部手机，更像一台电脑。人们可以在手机上实现以往不能实现的功能，如E-mail、网页浏览、视频播放、照相摄影及电子地图等。手机里的各种功能给我们带来无比的便利，我们从目前的手机销售数量上可以看到人们对手机的需求性。通信资费的持续降低、云技术的不断发展，互联网已经越来越普及，在这种大背景下，智能手机将成为人类生活中一个不可或缺的工具。在智能手机中，Android系统已经成为大多数手机的追寻者，并且由于其开源的特性，大大地降低了手机的使用成本。如今，移动设备的操作系统包括：Android、iOS、Firefox OS(谋智)、YunOS(阿里巴巴)、BlackBerry(黑莓)、Windows Phone(微软)、Symbian、Palm OS、BADA、Windows Mobile、Ubuntu。其中Android和苹果的iOS表现得最为突出，但是Android又具有许多iOS没有的优势，通过图3-1的对比我们便可了解。

Android	iPhone
可以在PC、MAC和Linux下开发	只能在MAC下开发
以Linux为基础	以Mac OS为基础
Java	Objective C
25美元	每年99美元
可以通过Web下载应用程序	只能在App Store下载应用程序
支持Flash	不支持Flash
Google、ARM、高通、三星…	Apple
超过5 000 000个应用程序	超过1 000 000个应用程序

图3-1　Android与苹果的对比

Android一词的本义指“机器人”，最早被安迪·鲁宾制作成为手机操作系统，它是一种以Linux为基础并且以Java语言为开发工具的操作系统。它不仅应用于手机、平板电脑，随着越来越多的智能电子产品的出现，已经广泛应用于如智能手表、智能电视，甚至还用于汽车车载等其他一些移动设备。Android操作系统是基于Linux的开放核心架构，对于硬件设计制造充满弹性，自2007年公布到现在，深受世界各地手机制造商的支持，结合最新处理器及其配件，不断地推出各种智能手机，并且依照功能和价格提供消费者更加多样化的选择。Android有别于其他开发平台，其应用程序的开发资源的获取方式非常简便，相关工具均可从互联网上获取，并且适用于Windows、Linux、Mac等主流操作系统，不受操作系统的限制，开发者只要使用Java语言就可以投入程序的编写，再加上标准架构类库函数的调用与系统的互动，在降低设计与调试复杂度的同时，也免除了许多非必要的工程负担。

3.1 设计方案

3.1.1 系统总体设计

基于Android平台的灌区智能巡检系统采用Android Studio 2.0进行设计。Android Studio 2.0是针对各种Android平台打造的高品质、高性能应用的最快方法，它包含代码编辑器、代码分析工具、模拟器等，支持最新的Android和Google Play Services。巡检系统将GIS定位、监测数据查询、巡检任务管理、巡检成果管理等功能集成入系统。巡检人员利用智能巡检系统的GIS模块迅速锁定需要巡检的巡查点，运用遥测点监测、闸门监测、泵站监测等功能采集监测数据，借助无线通信技术，将智能巡检采集到的数据传输至后台服务器进行管理和分析。灌区智能巡检系统不但减轻了人工巡查的工作量，而且提高了巡检的快捷性和采集数据的准确性，最终实现巡检的智能化。

3.1.1.1 系统的总体结构

面向灌区的智能巡检应用功能根据各环节的不同特点提出了不同的应用需求。根据灌区的特点，智能巡检系统包括后台管理系统、数据通信模块和巡检系统终端等三部分，总体结构如图3-2所示。

3.1.1.2 巡检系统终端

基于Android平台的灌区智能巡检系统终端App采用模块化设计，分为视图层、控制层、网络层，如图3-3所示。

视图层采用xml文件布局，控件的监听和数据显示由控制层来操作。控制层作为网络层和视图层之间的中间层，将网络层获取的数据显示到视图层上，视

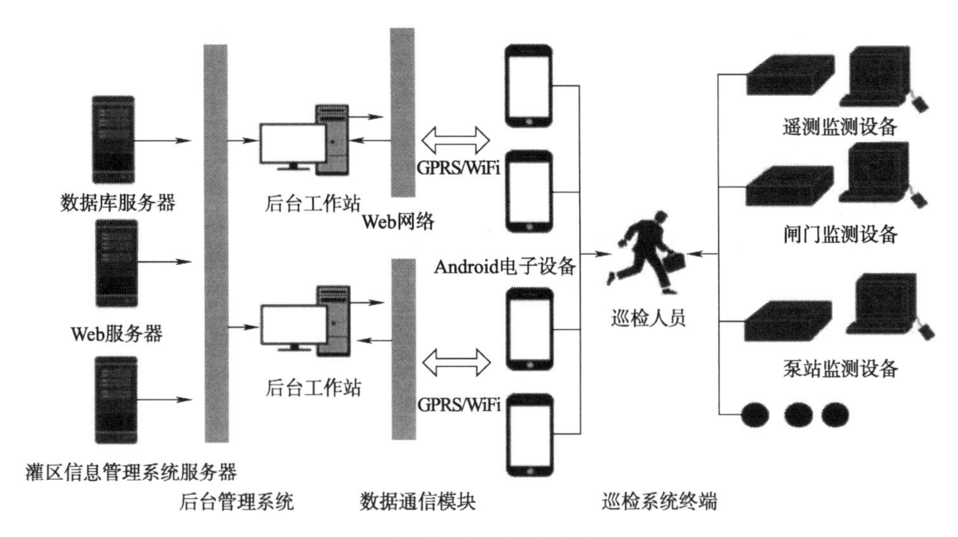

图 3-2　灌区智能巡检系统总体结构

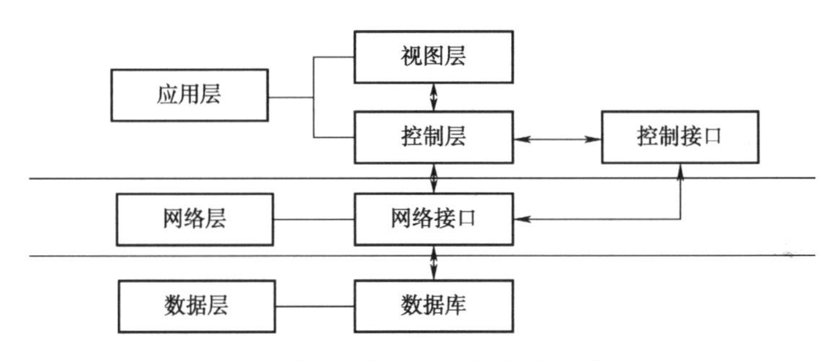

图 3-3　灌区智能巡检系统终端设计框架

图层产生的操作通过网络层获取数据。网络层数据的获取采用 http 获取数据，采用 Volley 库，数据为 Json 格式，采用 Gson 库解析。

3.1.1.3　数据通信模块

数据通信模块是巡检系统终端 Android 电子产品（平板电脑、手机等）与后台灌区信息管理系统通信的媒介，巡检人员在 Android 电子产品上领取巡检任务、管理巡检计划、上传巡检结果。Android 电子产品与后台灌区信息管理系统通过 GPRS 或 WiFi 进行数据传输。

3.1.1.4　后台信息管理系统

灌区智能巡检后台信息管理系统主要负责制订发布巡检计划、存储巡检结果、处理巡检数据等内容。管理人员可以在后台信息管理系统内制定和发布巡检计划，也可以实时调整巡检计划。后台信息管理系统将巡检人员上传的巡检结果进行收集汇总和处理分析，并将分析结果反馈至巡检系统终端电子设备上。

3.1.2 系统关键技术及功能设计

3.1.2.1 关键技术

(1)数据结构设计

灌区智能巡检系统终端采集的数据种类繁多，数据量巨大，合理的数据结构设计和高效存储数据是系统开发的关键。为此，基于 Android 平台的灌区智能巡检系统数据库设计与巡检系统相结合，将结构设计和行为设计密切结合，设计了数据字典以便于应对不同的巡检任务和类型需求，按照需求分析数据项和数据结构，建立巡检系统不同的实体对象以及实体关系（主要包含巡检任务、巡检线路、巡检人员等内容），建立巡检点数据表，用于存放用户在巡检过程中的巡检位置。同时，建立巡检记录表，将巡检记录进行存储，以便于系统的输出和分析。

(2)数据解析

Android 平台通过 HTTP 访问服务器各类数据接口进行数据的查询、修改、删除等，由于灌区巡检记录中的类型较多，数据接口返回的是较为复杂的 JSON 格式数据，数据的解析是难点技术。目前，Java 处理 JSON 数据有 3 个比较流行的类库 FastJSON、Gson 和 Jackson，本系统采用 Gson 类库解析 JSON 格式数据，该类库可以实现将不同类型的 Java 对象转换成 JSON，同时可把 JSON 字符串转换成相等的 Java 对象，这样可实现接口数据与 Java 无缝对接和转换。

为保证灌区通信数据传输和解析的稳定性，网络框架采用 Volley 通信库，该通信库可使 Get/Post 网络请求及网络图像的异步请求具有高效性，同时针对不同的请求具有优先级排序处理的能力。

针对访问过程中的体验效果，对网络数据访问设置不同类别的异常处理机制，给用户以更好的体验，同时将异常情况上传到异常处理中心，以便于更好地维护系统和服务用户。

3.1.2.2 功能设计

灌区智能巡检系统包括登录、新闻发布、GIS、监测数据查询、巡查任务管理和巡查成果管理等功能集成。系统主要由监测数据查询、实时分析、预警推送、信息管理、系统管理、智能巡检等模块组成，如图 3-4 所示。

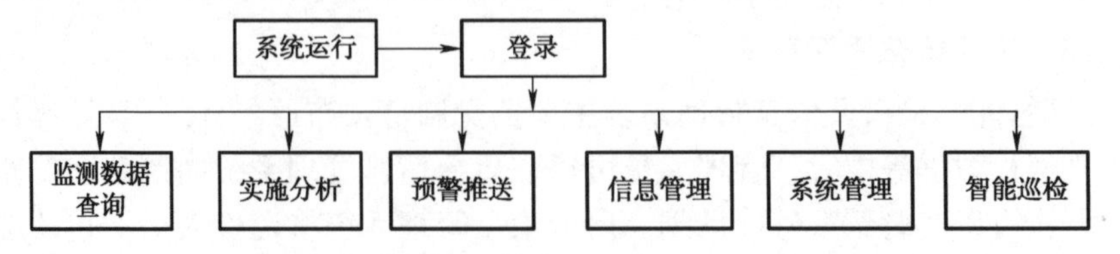

图 3-4　灌区智能巡检系统终端功能结构设计框架

(1)GIS模块

百度地图 Android SDK是一套基于 Android 2.3 及以上版本设备的应用程序接口。SDK开发适用于 Android 系统移动设备的地图应用，通过调用地图SDK接口可以轻松访问百度地图服务和数据，构建功能丰富、交互性强的地图类应用程序。灌区智能巡检系统 GIS 模块地图设计采用的是百度地图 SDK(版本为 v4.3.1)。

(2)流程模块

流程设计主要采用 Jquery 开源组件 FLOW-UI 和自主开发工作流相结合为用户提供交互平台，用户可自行进行流程设计，通过 WF_CpParam-eterModel类进行流程传递、组装。

(3)数据接口设计

基于 Android 平台的灌区智能巡检系统手机网络接口分为：登录、GIS站点地图显示数据、GIS枢纽地图显示数据，遥测点监测站点信息、遥测点监测站点数据图表、遥测点监测站点实时数据(流量、水质、水位、雨量、土壤含水量、气温、风向风速、预警数据接口)、遥测点监测预警数据，闸门监测闸门信息、闸门监测闸门数据、闸门监测闸门实时数据、闸门监测闸门图表数据，以及泵站监测泵站信息、泵站监测泵站数据等接口。

3.2 实践应用

巡检系统应用到人民胜利渠灌区系统更新改造中，通过测试和运行表明巡检系统的各项功能得到实现，大大提高了运行管理效率。

3.2.1 人民胜利渠概况

人民胜利渠是中华人民共和国成立初期在黄河中下游兴建的第一个大型引黄灌溉工程，位于河南省北部黄河北岸，设计灌溉面积 9.92 万 hm^2，主要承担焦作、新乡、安阳等3个市9个县(市、区)47个乡(镇)的农田灌溉、抗旱补源和新乡市城市供水等任务，受益人口约265万人。需要解决的主要问题：①渠系复杂，管理效能低下；②渠系等水利工程的基础数据不完善；③农业耗水量大，灌溉效率低；④水费计收和管理无有效依据，影响管理单位有效运行。

3.2.2 灌区智能巡检系统设计和系统测试

(1)研发环境

人民胜利渠灌区巡检系统的开发环境：手机端编写和调试采用 Android

Studio 2.0，地图发布采用 Ar-cGis。

系统环境：Windows 10。

运行环境：装有 Windows Server 2008 系统、SQL Server 2014、.net4.0 的服务器。

(2)系统测试及运行

人民胜利渠灌区智能巡检系统开发完成后，对系统的错误和缺陷进行了测试，测试显示该系统的功能、互操作性等符合软件的设计要求，登录、GIS、新闻公告、任务流程、巡检任务接受和结果上传，以及监测信息查询等功能均能实现，表明系统能够实现灌区的智能巡检。

基于 Android 平台的灌区智能巡检系统采用 Android Studio 2.0 进行设计，系统包括后台管理系统、数据通信模块和巡检系统终端等 3 部分，系统设计时解决了数据结构设计和数据解析的难题，系统涵盖 GIS、新闻公告、监测数据查询、巡检任务管理、巡检成果管理等功能，实现了智能移动办公，改变了传统的人工抄写巡检信息巡检模式，提高了灌区运行管理效率，有助于实现灌区信息化、智能化管理。

第 4 章　嵌入式灌区供水控制系统设计

4.1　设计方案

4.1.1　灌区水资源管理方式

1988 年颁布了《中华人民共和国水法》，因此，对灌区水资源的管理形式逐步变成了以《水法》为指导基础，以取水许可证制度为执行核心，以灌区可供水量分配方案为实施依据的水权制度体系，也逐步形成以水资源全区域统一分配、水管部门和群众组织分级管理的水权行政管理制度。灌区配水中心总结各地需水量后制订供水计划，灌区配水中心一般有续灌和轮灌两种方式。一般灌溉面积较大的干渠、支渠多采用续灌的方式，斗渠和毛渠则采用轮灌方式。水资源具体分配过程为根据供水计划从上游向下游逐级供水，放水时间和放水量根据不同地区的需水时间和需水量而定，实际中是通过控制闸门开度来控制水的流量实现的。

图 4-1　灌区渠道状况

本章主要是针对中小型灌区而设计的供水控制系统，灌区现场的信息采集设备传输方式和控制技术还不够完善，因此灌区的自动化、信息化程度还很低。支渠、斗渠虽然配有水位计、闸位计来检测水位和闸门开度，但是这些传感器还是不够先进、不够精确。另外，大部分闸控点的闸门控制器的功能还不够完善，一般在灌区现场，除了几个重要闸门控制站外，其余水闸一般无市电接入，有些地区的启闭机仍然依靠人工手动操作（图 4-1）。虽然当前大部分水控闸门是通过有线通信线路连接到监控中心所在地，相对已有的通信方式而言仍然很落后，在遭遇大的自然灾害时更容易出现数据和命令不能及时发送和接收的情况，这将会失去对现场控制设备的控制，对人民生命和财产安全产生很大威胁。

4.1.2 系统功能需求

4.1.2.1 系统上位机软件功能需求分析

该系统的上位机软件部分主要任务是：提供可视化界面，实时在线监测测控终端的运行状态和现场情况，利用无线通信模块完成现场与控制中心的数据或命令传输。下面详细说明调度中心控制软件的功能：

(1)监测功能

该上位机软件可以实时显示灌区水情数据和启闭机的相关参数，包括闸前和闸后水位信息、当前水流量信息、闸门开度信息、启闭机状态、电源系统的基本信息、通信状态、接收现场摄像头传送过来的图片，这样工作人员可以清楚地通过显示屏监测和控制灌区情况。

(2)控制功能

该软件允许用户在LCD显示屏上手动设置采集站点的参数、输入站点的相关信息以及预设闸门开度和水位；系统以多线程的方式同时处理多个闸门控制器的连接(GPRS方式连接)；为完成远程调度中心与现场闸门控制器之间的通信，还要使用通信设备；还可以进行上位机的系统设置，如设定系统时间、终端数据上报时间间隔，设置开机程序自动启动方式和休眠时间。

(3)报警功能

当现场的某一参数超过预设值或某个设备出现故障时，能及时提出报警信号，显示必要的提示和画面，或者通过短信通知管理人员，将此次报警记录保存在报警数据库中，还能实现报警类型增加、报警规则方式设置。

(4)存储和查询统计功能

将采集的数据保存到中心站的数据库中来满足系统查询统计需要，也可作为对监控系统数据的备份。另外还要能满足用户的各种情况下的需求，例如可以查询某一个闸位站的当前信息、历史水情、控制过程记录，并可以图表或表格的形式显示出水总量状况和闸门运行或控制情况。

(5)对已有的数据报表进行打印的功能

可实现对历史数据按时间或选项进行打印，为后期的系统维护和数据分析提供支持。

4.1.2.2 现场闸门控制器功能需求

安装在灌区现场的闸门控制器要求能够准确采集水情和闸门数据和参数、快速将数据和参数传送到远程控制中心并能快速及时、准确可靠的完成远程控制中心发送的控制指令，最终达到有效实时地完成对各个闸控点和渠道的安全可靠监测和实时远程控制。下面详细介绍闸门控制器的功能要求：

（1）准确、精确的数据采集功能

灌区现场的闸门控制器要能够准确、精确地获取渠道的闸前水位和闸后水位、闸门的开度大小、限位开关目前位置、启闭机的当前状态、太阳能供电系统的基本信息、无线通信模块的状态等信息，并在现场配有CMOS摄像头来完成灌区用水过程图像采集的任务。这些数据和图片是远程控制中心的工作人员对闸门控制器发送命令的判断依据，要确保准确和精确。

（2）实时的数据传输功能

灌区一般在郊外、广大农村或偏远山区，地域比较宽广，因此闸门控制器安装得较为分散，为将采集的数据能及时传送到中心站，同时也能及时接收到控制中心的命令并执行，所以该控制器还应该满足信息传输功能。本文是以闸门控制器接口与常用的比较先进的GPRS无线通信模块接口相连的方式来实现传输功能。

（3）现场图像采集功能

现场图像采集是由现场安装的摄像头模块来采集数据信息，该模块将采集灌区监测区域的图像信息，这些图形信息会被闸门控制器以照片形式通过GPRS无线通信模块发送到远程控制中心，为操作人员对现场情况做进一步了解提供依据。

（4）现场手动操作功能

闸门控制器经过长时间运行并遭受各种恶劣环境的影响，难免发生故障，为方便维护人员维护，也能使操作人员在现场对水位、闸门等情况有所了解和控制，本文设计的闸门控制器配有LCD显示屏，维护人员和操作人员可以通过LCD显示的信息来操作现场控制器门启闭。

（5）故障保护和闸门紧急控制功能

闸门在运行过程中很可能出现各种不可预测的情况，导致系统出现故障，一旦系统发生故障，系统必须要能立刻报警，且根据实际情况使正在运行的闸门自动停止；或者也要能够人工实施急停控制，保证安全，以免发生更大危险和损失。

（6）远程及自动控制功能

远程调度中心的工作人员经过对渠道、闸门、水位以及水资源需求等信息的综合分析总结后，然后对置于现场的闸门控制器下达控制指令，这些指令通过无线通信模块传送，控制器接收到控制指令后通过控制启闭机来控制闸门开度，最终实现对渠系中水位和流量的控制，满足水量需求而不浪费资源。

（7）显示功能

该闸门控制器应该具有显示功能，显示内容包括水位、闸门开度、限位开关、启闭机状态、供电系统的基本信息，方便维护人员在现场对设备进行维护。

(8)存储功能

由于要存储各种控制指令、采集数据、中间数据、历史数据，因此该系统还应该具有较强的存储功能。

(9)精确的控制功能

系统最终的控制对象是闸门，能否精确控制闸门关系到对水位水流量和水量的控制，因此，为了达到对水情的准确、精确的控制要求，应该将控制方式从人工手动控制转变为自动精确控制；为防止设备出现故障导致闸门失控，还应该保留人工手动控制的功能，因此，该闸门控制器要能够实现对闸门的自动和手动控制功能。

4.1.3 系统总体结构设计

在上述对灌区供水控制系统上位机和闸门控制器两个部分的功能分析后，本文对该系统的总体设计如图 4-2 所示。

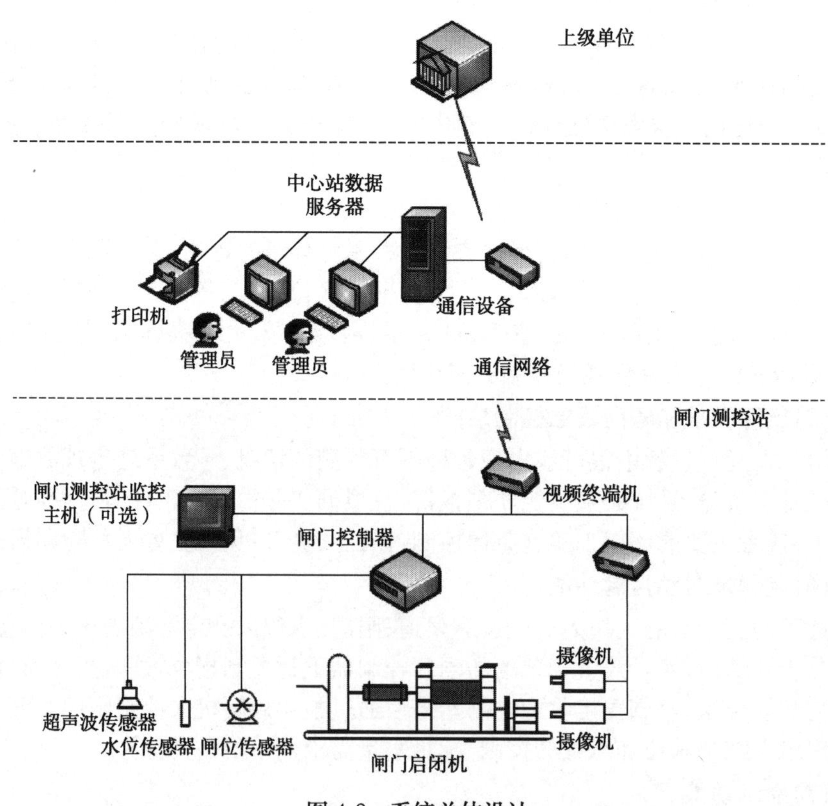

图 4-2　系统总体设计

4.1.3.1 灌区供水控制系统原理

通过对灌区供水控制系统的功能需求分析，系统可分为三部分：远程调度中心、闸门控制器、无线通信模块。闸门控制器通过与超声波水位传感器、闸位传感器、启闭机一同协作来实现对渠系中水位、闸门开度等数据的采集，控制启闭机控制闸门的开度，还采用无线通信模块将这些数据传送到远程控制中心，同时也能够接受远程控制中心下发的控制命令进行相应的控制操作；远程控制中心分析、存储并处理接收到的水情信息，将其发布或根据这些信息对闸门控制器下达闸门控制任务，调节水流量。

本章设计的基于嵌入式的灌区供水控制系统在灌区会建设一个远程调度中心，在市电可以到达的地方设立一个分站点，二者组合成一个远程控制系统。

4.1.3.2 系统设计过程中遵循的原则

灌区供水控制系统在设计时，遵循实用、可靠、稳定和可扩展的原则。在设计系统时主要应在满足控制系统功能的前提下，尽量选用性价比更高的芯片。

一般情况下，精度越高，功能也越强大，稳定性、安全性、可靠性越强的芯片价格越高，但是，若在一定成本范围内，我们还是应该选择满足系统功能完备且性价比更高的芯片。另外，应尽量选用具有静态功耗小、抗干扰能力强等优点的CMOS集成芯片，如此，可大大降低整个测控终端的功耗，保证在偏远地区供电不足的环境下使用时间尽可能长。

如果在已成形的电路板上再进行扩容，难度将会很大，所以本书在对硬件设计时留有一定的扩展余地，以便系统在以后发展过程中可做出必要的修改和扩展，同时也能方便操作人员对系统进行调试和维护。

选择经过实践认可的常用电路，在使用芯片时采用芯片的常规用法，硬件系统使用标准化和模块化方式来设计和实现。

设计硬件电路时要同软件方案一起考虑。考虑到硬件元器件经过一段时间的使用会发生老化、故障，更伴有功耗损失，因此在满足系统实时性的情况下，应尽量使用软件代替硬件完成任务，这样也可降低成本，保证系统长时间可靠稳定运行。

尽量做到系统各部分性能匹配，比如晶振时要考虑它的频率对存储器的存取速度产生的影响，所以应该选择晶振频率不是很高但存储速度较快的芯片。要重点考虑的是闸门控制器硬件的可靠性、稳定性和抗干扰能力，它包括芯片或器件选择、电路板布线方式、噪声隔离等。

4.1.4 系统主要设备选型

4.1.4.1 处理器选型

系统下位机现场闸门控制器由处理器及其外围设备、操作系统构成。下面主要从处理器及其外围设备的选型、通信方式以及操作系统的选择几个方面介绍。

嵌入式处理器是闸门控制器硬件中最重要的部分，它的性能决定了整个闸门控制器的性能。现在嵌入式处理器种类大约有 1 000 多种，但是常用的有：Power PC、MIPS、ARM 等。其中，ARM 系列处理器凭借其体积小、功耗低、成本低、性能好以及可根据市场需求对功能进行扩展等特点，已成为世界上使用范围最广的 32 位微处理器。市场上 ARM 7、ARM 9、ARM 9E 和 ARM 10 比较常用，每种都是为了实现不同需求而设计；ARM 9 系列处理器内核是 5 级流水线形式，具有 MMU(内存管理单元)的一种哈佛结构，系统性能较好，同时也能支持大型操作系统。

本章选择三星公司生产的 16/32 位精简指令集(RISC)处理器 S3C 2440。该芯片基于 ARM 920T 核，采用 0.18μm 的 CMOS 工艺和存储器单元，提供一套完整地通用系统外设，减少系统在开发过程中的成本，其采用低功耗设计，适合于对成本和功率敏感的应用。

4.1.4.2 无线通信方式选择

(1)PSTN

公共交换电话网络(public switched telephone network，PSTN)是基于模拟技术的电路交换网络。在现存技术中，PSTN 的通信费用最低，这是由于其不只数据传输质量、传输速度比其他的广域技术差而且对网络资源的利用也是最低的。

(2)ZigBee

ZigBee 技术是一种专门用于近距离传输的无线通信技术，具有功耗低、速率高、成本低等优点。通信距离从标准的 75m 到几百米、几千米，能通过中间设备无限扩展下去。

(3)GSM 全球通信网络

全球移动通信系统(global system for mobile communications，GSM)是欧洲电信标准组织制定的一种移动通信标准。从用户角度来看，GSM 的主要优点在于用户可以从更高的数字语音质量和低费用的短信之间做出选择。对于网络运营商而言，其优势是他们可以根据不同的客户制定其设备配置，这是基于 GSM 作为开放标准提供了更容易的互操作性的基础。

(4)卫星通信方式

卫星通信方式就是利用人造卫星作为中继器，完成地面间相距较远的站点间的通信。我国自主研制和经营的北斗卫星导航系统能够向亚太大部分地区提供定位功能、导航功能和报文通信等服务，且其具有通信范围大、可靠性高、建立连接迅速、可同时在多个地点接收等优点，改进了偏远地区之间的通信问题，实现资源共享。

(5)GPRS 通信技术

GPRS(general packet radio service)是一项位于2G和3G之间的一种移动通信技术。GPRS突破了GSM网络仅提供电路交换的功能瓶颈，由于使用数据分组交换，因此，GPRS没有固定的无线信道，在需要的时候即时分配，使用完就立即释放信道，对其使用的资费是以其实际发送的信息量来计算。GPRS的传输速率最高可提升至172Kbps。下面利用图标从传输距离、传输速率、传输费用、覆盖范围、传输实时性、可靠性、传输频率、抗干扰性、防雷性能以及应用范围多个方面对几种通信方式进行比较，如表4-1所示。

表4-1　常用无线通信方式比较

名称	PSTN	ZigBee	GSM	北斗卫星	GPRS
传输距离	网络范围	100m	网络范围	亚太地区	网络范围
覆盖范围	网络范围	网络范围	全国	亚太地区	全国
传输速率	10Mbit/s	250Kbps	140bps	高速	172Kbps
传输频率	一般	高	高	高	高
可靠性	一般	高	高	高	高
抗干扰性	一般	强	强	强	强
防雷性能	一般	高	高	高	高
应用范围	小规模	不受限制	备选通道	不受限制	不受限制
传输实时性	一般	高	高	高	高
传输费用	便宜	免费	0.1元/条	高	0.01元/条

综上，GPRS无线通信方式具有随时在线、覆盖范围广泛、性价比高、可支持IP协议等优点，非常适合中小水库数据监测系统的应用。采用该通信方式还可节省人力、物力开支，提高水情监测的自动化水平，为以后的通信方式升级提供了冗余量，如果监测流域扩大，也比较方便增加远程数据采集终端。

4.1.4.3　图像采集模块选型

控制中心对灌区远程图像监控的主要对象为闸门开度、明渠水位等，只需要在一定间隔定时获取监测点的图像信息即可，且对图像像素要求不高。另外，采集来的图像信息需要通过GPRS网络使用图片格式发送出去，因此图像大小不能超过50KB。本设计拟用先进的摄像头模块来进行现场信息的采集。本书是在Linux系统中编写程序，而在Linux系统中，OV系列CMOS摄像头模块设备很容易加载。因此，经过多方面考虑后本系统图像采用Omni Vision公司提供的OV9650模块来完成现场图像的采集。

4.1.4.4 现场外围设备选型

(1)水位计

本章使用上海牧晨公司生产地 WL700 超声波水位传感器采集闸前和闸后水位。它会将采集的水位数据转换成 4～20mA 的电信号。其主要技术参数如下：

基本参数

测量范围：0.46～10.67m

电源电压：18～30V

环境温度：－40～63℃

分辨率：连续模拟输出

性能参数

输出：4～20mA(4mA 是最低水位，20mA 是最高水位)

精度：±2.0%

图 4-3 为 WL700 型水位传感器实物。

图 4-3　WL700 型水位传感器实物

(2)闸位计

本书使用徐州伟思水务科技有限公司生产的 KS-10 数字式闸位计来测量闸门开度，闸门开度传感器(闸位传感器)是针对闸门测量的特点采用光电绝对值式或机械式编码器在内部以精密的变速机构制造而成。它的主要技术参数如下：

基本参数

测量范围：0～10m

分辨力：1cm

工作电压：12～24V

环境温度：－25～85℃

性能参数

输出码：格雷码 10bit

通信接口：①RS485 接口，MODBUS 协议或其他。

②4～20mA 模拟量信号输出。

KS-10 数字式闸位计实物如图 4-4 所示。

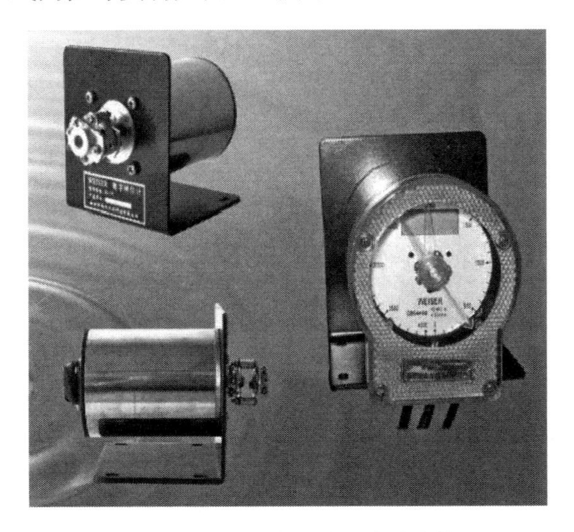

图 4-4　KS-10 数字式闸位计实物

4.1.5　嵌入式操作系统选择

嵌入式操作系统有付费和免费两种形式。采用计费许可证方式的有 VxWorks、QNX、pSOS 和 Windows CE 等。操作系统源码公开的有 uC/OS-Ⅱ、Linux、ARM-linux。下面介绍比较常用的几种。

4.1.5.1　VxWorks 操作系统

VxWorks 是美国 WindRiver 公司的产品。VxWorks 的进程是“可剥夺”方式，因此对 VxWorks 系统的调用实质上是直接对函数的调用。它提供了对其他 VxWorks 系统和 TCP/IP 网络系统的“透明”访问，内核仅提供多任务环境、进程间通信和同步功能。这些功能模块足够支持 VxWorks 在较高层次提供丰富的性能要求。

4.1.5.2　Windows CE 操作系统

Windows CE 是 Microsoft 的产品，基于 Windows CE 构建结构的嵌入式系统大致分为硬件层、OEM 层、操作系统层和应用层。每一层分别由不同的模块组成，每个模块又由不同的组件构成。这种方式尝试将硬件和软件、操作系统和应用程序隔开，方便实现系统的移植，也方便进行硬件、软件、操作系统、应用程序等开发的人员分工合作，并行开发。

4.1.5.3 uC/OS-Ⅱ操作系统

uC/OS-Ⅱ嵌入式实时操作系统是一个完整的易于移植的已经在出厂时固化的可裁剪的先占式实时多任务内核。可在常用的8位/16位/32位/64位微处理器、微控制器、数字信号处理器上使用，具体介绍如下：

(1)可移植性

基本上全部的uC/OS-Ⅱ的源码都是用移植性很强的ANSIC写的，这样就很容易将该系统上的程序移植到其他的处理器上运行，而不用重新编写程序，方便了开发人员开发更多功能。

(2)可裁剪

uC/OS-Ⅱ中应用程序功能非常齐全，用户可以只使用需要的系统服务，这样可以减少产品中需要的存储空间，这种可裁剪方式是根据条件编译情况而定的。

(3)多任务

uC/OS-Ⅱ可以同时对64个任务进行管理，应用程序最多56个，系统可用的有8个。任务调度是完全基于任务优先级的抢占式调度。

4.1.5.4 Linux操作系统

Linux是类UNIX的操作系统，支持多用户、多任务、支持多线程和多CPU，可免费试用和自由传播，支持32位和64位硬件，是一个性能稳定的多用户网络操作系统。有以下优势：

(1)源代码公开，可免费下载

嵌入式Linux源代码在Internet上可以免费得到，世界上所有的开发人员都能对它提出改进意见，这使得Linux功能越来越强大，稳定性越来越好。

(2)移植性强，稳定性高

Linux系统继承了UNIX可靠性和稳定性高两个特点。另外，嵌入式Linux系统还是一个跨平台的系统，适用性广泛，市面上常用的CPU基本都支持。

(3)满足实时性要求

嵌入式Linux系统的实时性也不亚于其他操作系统，可以满足嵌入式系统对实时性的要求。

(4)成熟的开发工具

嵌入式Linux有GUN项目的C编译器和gdb源程序级调试器，用它们来调试程序，用户可以方便地开发应用软件，减少了开发成本。

(5)配置和裁剪内核方便、灵活

在嵌入式系统中，目标板大小或生产成本的限制使我们必须对操作系统内核进行裁剪，不过这样更方便多种不同系统的设计，来满足各种不同场合的需求。

通过上述分析和比较，本书最终选择 Linux 作为目标板的操作系统。

4.2　实践应用

本节重点对模糊控制在灌区水位控制中的应用进行研究。

4.2.1　将模糊控制思想运用到灌区水位控制中问题的提出

在模糊控制中，控制器既不是模糊的，被控对象也不是不确定的，模糊控制的实质是该技术在知识表示和概念上是模糊的。模糊控制的理论研究其实是控制领域中非常有价值的一个方向，这是由于它有许多传统控制无法比拟的特点，具体如下：

(1)模糊控制工程中的计算方法是运用模糊集合，但最后施加到控制对象的控制规律是确定的。

(2)由于模糊控制是根据人类的控制经验设计控制器的，因此不必知道系统的数学模型，这对解决复杂系统的控制提出了另一种思路。

(3)模糊控制系统的核心部分即模糊控制规则是对人类经验的总结和归纳，因此是用自然语言描述的，这便于操作人员理解和运用，从而改进规则库，使控制更加精准。

(4)模糊控制本质上是一系列程序，因此模糊控制的运用与计算机的配合是分不开的，计算机技术的发展也会促进模糊控制不断改进，使得模糊控制更加智能化。

将模糊控制算法运用到灌区供水控制过程中，供水调度中心在获得现场的闸前水位和闸后水位后计算当前水流量，模糊控制器的输入信号是当前水位与预设水位的误差，模糊控制器的输出信号是闸门开度增量，通过调节闸门的开度大小就可以控制水位保持在给定水位。由于水流具有非线性、时滞性的特点，因此从参数得出的数学模型常常不便于计算，使用模糊控制方式是结合人们的经验来实现控制的，不需要数学模型，因此能够避免复杂的计算。鉴于模糊控制所具备的特点和优点，拟将其用在灌区供水控制系统中，达到控制水位、节省资源的目的。

4.2.2 水位模糊控制器设计

4.2.2.1 模糊控制器基本原理

模糊控制方法是应用模糊集合论、模糊语言变量和模糊逻辑等知识来模拟人的模糊思维方法去控制被控对象,使人类能够成功有效的控制某些无法用精确数学模型描述的对象或过程。人们将实际中的控制经验总结成规则,然后根据这些规则设计控制器。由于这些经验是用自然语言描述的,因此这些规则是模糊性的,但是可以把这些模糊的规则转化成计算机能够操作的数值运算,最终实现智能控制的目的。

模糊控制是在模糊集合论、模糊语言变量和模糊逻辑推理上发展起来的一种与计算机技术紧密相连的控制技术。该方法是将人类在实际控制中的经验整编成模糊规则,对传感器采集的信号进行模糊化处理,模糊化后的信号就是模糊控制器的输入,把模糊控制器的输入与前面总结的控制规则进行适配,这个过程就是模糊逻辑推理过程,最后得出模糊控制器的输出量并对其进行去模糊化处理,最终施加到被控对象上的就是精确的控制量,达到精确控制的目的。模糊控制过程如图 4-5 所示。

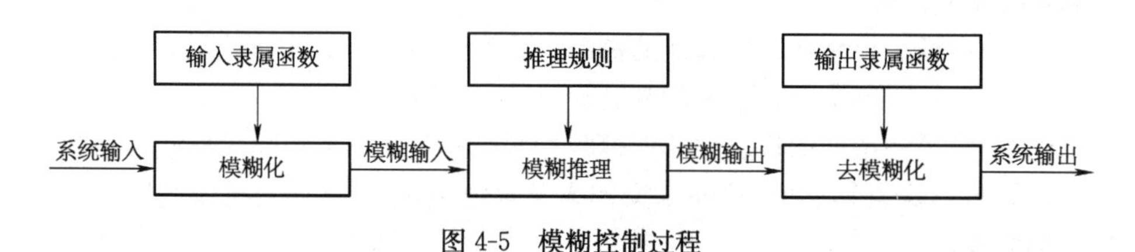

图 4-5 模糊控制过程

由图可知,模糊控制包括 3 个步骤:

(1)模糊化。将传感器采集的信号作为输入,通过计算将其转换为与论域相对应,利用人们易懂的自然语言来描述输入的过程,根据一定的方法将这些输入离散化成为一个集合的过程。

(2)模糊推理。以模糊集合论为基础描述工具,对以一般集合论为基础描述工具的数理逻辑进行扩展,从而建立了模糊推理理论。

(3)去模糊化。将许多控制规则进行推论演算得到的推论结果还需要进一步转换为精确的控制量,这个过程就是去模糊化。

模糊推理机需要完成模糊控制系统的模糊化、模糊推理和去模糊化操作,它的输入为系统输入,可以是水位误差或误差变化率,输出则为去模糊化后的信号,可以直接作用到被控对象。

4.2.2.2　水位模糊控制器具体设计

(1)确定输入和输出

对水位的控制是根据系统的实际值与预设值之间的偏差 E 来决定闸门是增加开度还是减小开度。对于被控对象只有一个的系统，可以根据对精度的要求不同而选用一维、二维或者多维模糊控制器。一维控制器的输入只有一个，因此精度不是很高，而多维模糊控制器的算法太复杂，很难实现。在既要保证系统精度又避免复杂计算情况下，本书选用有两个输入一个单输出的模糊控制器，其输入是当前水位与设定水位误差 e 和误差变化率 ec，输出为闸门开度变化 u，其结构如图 4-6 所示。

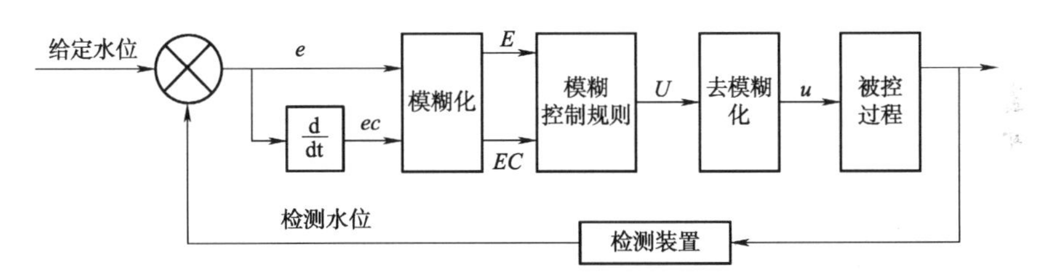

图 4-6　水位模糊控制过程

(2)输入和输出变量模糊化

实际工作中控制器的输入都是精确值，所以首先要对输入量进行模糊化即将这些精确值转换成模糊集合的隶属函数，常用的有三角形、梯形或高斯型函数 3 种方式。

为实现标准化方法设计模糊控制器，常用 Mamdani 方法来实现，即将输入量的变化范围划分为[−6,6]之间的离散数值，这样可以得到 13 个离散整数的集合：{−6,−5,−4,−3,−2,−1,0,1,2,3,4,5,6}由于实际工程中，输入量范围一般不在[−6,6]之间，因此还需要将其转换到[−6,6]之间。通过下面的公式进行转换，假设输入量变化范围是$[m,n]$，则

$$y=\frac{12}{n-m}\left[x-\frac{m+n}{2}\right]$$

下面是水位控制器中的输入、输出论域，变化因子和比例因子。

确定水位误差 e：

水位误差控制范围：[−0.15,+0.15]

论域：{−6,−5,−4,−3,−2,−1,0,1,2,3,4,5,6}

量化因子：$ke=6/0.15=40$

确定水位误差变化 ec：

设定采样周期 T 内允许的误差范围为:[-0.06,0.06]

论域取为:{-6,-5,-4,-3,-2,-1,0,1,2,3,4,5,6}

量化因子:$ke=6/0.06=100$

确定输出控制量 u:

在实际中,输出量必须经过 D/A 转换后才能作用到启闭机上,最后控制闸门开度。D/A 转换器的输出是 4~20mA 信号,相应的闸门开度范围是 0~100%。输出论域为:{-6,-5,-4,-3,-2,-1,0,1,2,3,4,5,6}。

将输入和输出转换成语言变量得到的模糊子集为:{正大(PB),正中(PM),正小(PS),零(0),负小(NS),负中(NM),负大(NB)}。本文选取隶属函数为三角形的方式来选取模糊子集,这种方式对自适应模糊控制系统很适用,图 4-7、图 4-8 分别是输入和输出变量的隶属度函数。

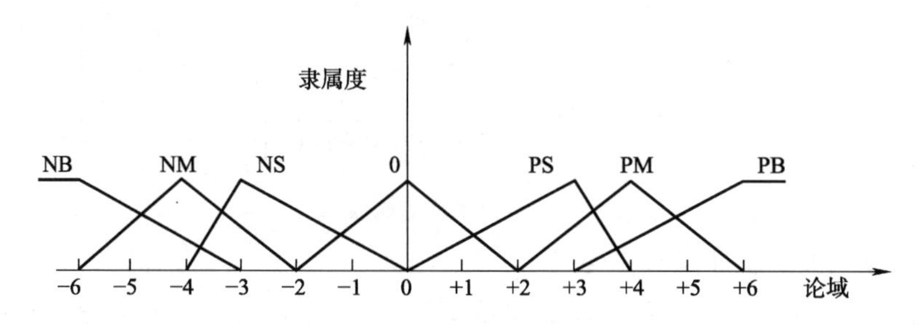

图 4-7　E 和 EC 的隶属度函数曲线

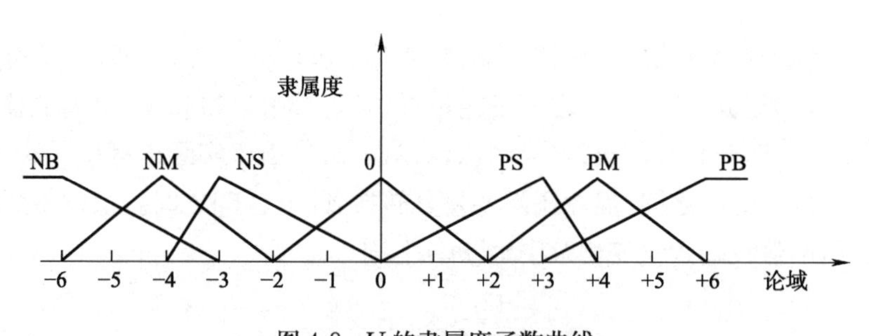

图 4-8　U 的隶属度函数曲线

当水位偏差较小时,微调闸门开度能使水位稳定,所以在偏差较小时隶属度函数的形状要缓一些。输入输出变量的隶属度函数曲线是建立语言变量赋值表的依据。

表 4-2 为输出变量 U 的语言变量赋值表,偏差和偏差变化率的语言变量赋值表格式和计算方法类似,此处不再赘述。

表 4-2　模糊控制量 U 的取值

语言值	−6	−5	−4	−3	−2	−1	0	+1	+2	+3	+4	+5
PB	0.0	0.0	0.0	0.0	0.0	0.0	0.0	0.0	0.0	0.0	0.2	0.6
PM	0.0	0.0	0.0	0.0	0.0	0.0	0.0	0.0	0.2	0.6	1.0	0.6
PS	0.0	0.0	0.0	0.0	0.0	0.0	0.6	0.6	1.0	0.6	0.2	0.0
ZE	0.0	0.0	0.0	0.0	0.0	0.2	0.6	0.6	0.2	0.0	0.0	0.0
NS	0.0	0.0	0.0	06	0.6	1.0	0.0	0.0	0.0	0.0	0.0	0.0
NM	0.2	0.6	1.0	0.6	0.6	0.2	0.20	0.0	0.0	0.0	0.0	0.0
NB	1.0	0.6	0.2	0.06	0.0	0.0	0.0	0.0	0.0	0.0	0.0	0.0

(3)建立模糊控制规则

在经典命题运算中，表达式 IFpTHENq 可以写成 $p->q$，当 p 和 q 的值都为真或都为假时，$p->q$ 才为真；当 p 的值为真时，q 的值为假，则 $p->q$ 为假；当 p 的值为假时，q 的值为真，则 $p->q$ 为真。将上述关系重新写为 IF<FP1>THEN<FP2>，用 FP1 和 FP2 分别替换 p 和 q，而 FP_1 和 FP_2 都是模糊命题，假定 FP_1 是一个定义在 $U=U_1\times\cdots\times U_n$ 上的模糊关系，FP2 是一个定义在 $V=V_1\times\cdots\times V_n$ 上的模糊关系，根据 Mamdani 含义：模糊 IF-THEN 规则集合可看作 $U\times V$ 一个模糊关系 QMM 或 QMP，其隶属度函数分别为公式：

$$u_{Q_{MM}}(x,y)=\min[u_{F_{p1}}(x),u_{F_{p2}}(y)]$$

$$u_{Q_{MP}}(x,y)=u_{F_{p1}}(x)u_{F_{p2}}(y)$$

本章总结的水位控制规则为：当偏差 e 为负值且 e 为负大(NB)时，这说明实际值比预设值要小，因此需要增大闸门开度，即输出量 u 取正大(PB)。如果 ec 是正值，说明误差会逐渐减小，此时对控制量的值要选最小的。若 ec 是负值，说明误差会逐渐变大，应采取增大控制的方法抑制偏差增大。用一系列的 if-then 语句表示出来就成为该系统的模糊控制规则库，if-then 语句的个数为 49 条，下面只列出部分规则，其余的与此类似，不再赘述：

R1：If E=NB and EC=NB then ΔU=PB

R2：If E=NB and EC=NS then ΔU=PB

R3：If E=PB and EC=PB then ΔU=PA

将上述模糊控制规则归纳成表格的形式，如表 4-3 所示。

表 4-3　水位模糊器的控制规则

EC	NB	NM	NS	ZO	PS	PM	PB
NM	PB	PB	PM	PM	PM	ZO	ZO
NS	PB	PB	PM	PM	PS	ZO	ZO

（续）

EC	NB	NM	NS	ZO	PS	PM	PB
ZO	PB	PB	PS	PS	ZO	NM	NM
PS	PB	PM	PS	ZO	NS	NB	NB
PM	PM	PM	ZO	NS	NS	NB	NB
PB	ZO	ZO	NS	NM	NM	NB	NB
NB	ZO	ZO	NS	NM	NM	NB	NB

(4)对输出变量解模糊化处理

由模糊推理机得到的输出一个模糊隶属函数或者模糊子集，但是实际中控制被控对象的是一个确定的数值，因此必须要进行去模糊化处理，把语言变量的量转换成精确的控制量。常用的去模糊化方法有重心法、中心平均法、最大值法，下面对其详细介绍：

①重心法。重心法解模糊器中 y^* 是 B′的隶属度函数所涵盖区域的重心。消去影响较小的参数，最终的重心解模糊器公式：

$$y^* = \frac{\int_{v_a} y u_{B'}(y)\mathrm{d}y}{\int_{v_a} y u_{B'}(y)\mathrm{d}y}$$

其中，v_a(a 为常数)定义为 $v_a=\{y\in V|u_{B'}(y)\geqslant a\}$。

②中心平均法解模糊器。模糊集合 B'是M 个模糊集的合并，将这些模糊集的中心进行加权平均，其权重就是这些模糊集的高度，它计算简便，直观合理。

y^{-l}是第 l 个模糊集的中心，w_1为模糊集的高度，可由公式确定 y^* 为：

$$y^* = \frac{\sum_{l=1}^{M} y^{-1} w_1}{\sum_{l=1}^{M} w_1}$$

③最大值法解模糊器。这种方法是将 y^* 设定为V 上$u_{B'}(y)$的最大值，定义集合得公式：

$$hgt(B')=\{y\in V|u_{B'}(y)=\sup u_{B'}(y)\}$$

即 $hgt(B')$是 V 上所有 $u_{B'}(y)$取得其最大值的点的集合。这个方法中的 y^* 为 $hgt(B')$集合中的某一个元素。$hgt(B')$只有一个点，那么 y^* 也是唯一的。如果 $hgt(B')$至少有两个点，既可以使用上式进行计算，也可以用大中取小、大中取平均值方法。

大中取小方法如公式：

$$y^* =\inf\{y\in hgt(B')\}$$

大中取大方法如公式：

$$y^* = \sup\{y \in hgt(B')\}$$

大中取平均值方法如公式：

$$y^* = \frac{\int_{hgt(B')} y\mathrm{d}y}{\int_{hgt(B')} \mathrm{d}y}$$

式中，$\int_{hgt(B')}$既可以当作 $hgt(B)$连续部分的常规积分，又可以当作 $hgt(B')$离散部分的求和。

按所述的步骤计算 E 和 EC 离散论域相应的控制量，经过模糊规则库的匹配后得到输出的模糊控制表。对其进行去模糊量化处理之后，得到精确的控制量。

(5)转化控制量为可用的精确值

上面列出的模糊控制表的值是与某一控制规则对应的增量型决策值，要将其作用到被控对象前还要采用下面的计算公式进行转化：

$$u(n) = u(n-1) + k_u{}^* \Delta u(k_u\text{为放大系数，这里取 } k_u = 0.4)$$

限幅值：(010)。

4.2.3　系统的仿真与分析

对于本书提出的将模糊控制算法应用到闸门控制器对水位的控制过程中这一想法，在将其应用到工程实践之前，首先必须用仿真软件对其仿真，以预先分析它在实际中的可行性和实际控制效果。本书使用具有强大功能的 MATLAB 软件来验证该算法的可行性。

MATLAB 是 MathWorks 1984 年推出的数学软件，在世界各个领域的专家和学者的共同努力下，开发了强大的 MATLAB 工具箱，模糊逻辑工具箱就是为模糊控制而定制的一种。该工具箱是由长期研究模糊控制算法与开发的学者或技术员共同努力开发的。模糊工具箱为用户提供了图像用户界面，通过点击鼠标就能方便快捷地完成对模糊控制器的设计。用户在 MATLAB 命令框中键入"fuzzy+回车"会出现图形界面编辑界面(FIS Editor)，在这个界面中双击输入或输出模块就可以编辑隶属函数的相关参数；双击模糊规则模块，就能根据前面设计的规则建立规则库。根据前面讲述的设计方法设计的模糊控制器的输入和输出关系曲线如图 4-9 所示。

考虑到要采集的渠系中的闸前和闸后水位信息是采用超声波水位传感器检测得到的，因此在实际中应该尽可能选用精度较高的水位传感器更能保证精确的闸前和闸后水位值。用计算机仿真时，需要对水位传感器采集水位信号离散

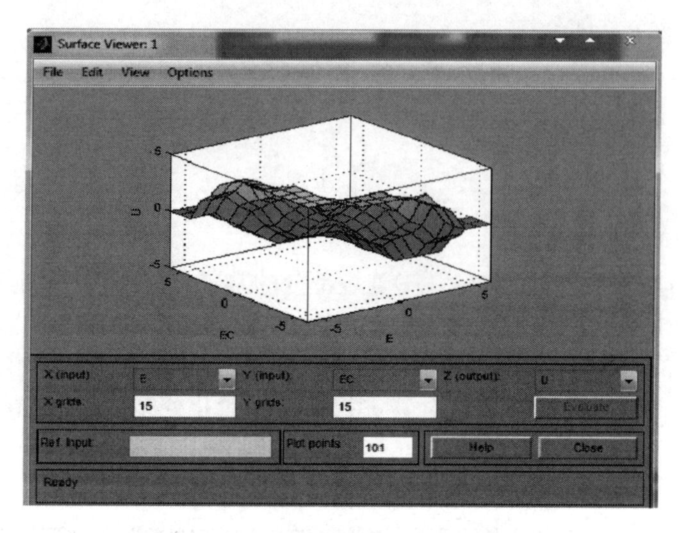

图 4-9 水位控制器输入与输出三维曲线

化，一般是通过在一定的采样周期内取值来实现离散化的，本文的采样周期 $T=15\text{s}$，也是求解圣维南方程组的时间间隔值。

4.2.3.1 流量计算

过闸流量计算方法如公式：

$$Q=C_d ab\sqrt{2gh_0}$$

式中，Q 为过闸流量(m^3/s)，a 为闸门开度(m)，b 为闸门宽度(m)，h_0为上游水深(m)，C_d为流量系数。

4.2.3.2 水位计算

水位值是通过求解以水位值和流量值表示的一维圣维南方程得到的，这个方程也描述了明渠中的水流特性。

(1)连续方程

$$B\frac{\partial z}{\partial t}+\frac{\partial Q}{\partial s}=q$$

(2)动量方程

$$\frac{1}{gA}\frac{\partial Q}{\partial t}+\frac{2Q}{gA^2}\frac{\partial Q}{\partial s}+\left(1-\frac{BQ^2}{gA^2}\right)\frac{\partial Z}{\partial s}=\frac{q}{gA}(v_\varphi-v)+\frac{BQ^2}{gA^2}(i+M)-\frac{Q^2}{RA^2C^2}$$

式中，B 为水面宽(m)；z 为水位(m)；t 为时间(s)；Q 为流量(m^3/s)，C 为流量系数；s 为断面的距离坐标(m)；q 为区间入流量 m^3/s；g 为重力加速度(m/s)；A 为过水断面面积(m^2)；v 为水流沿轴线方向的流速(m/s)；R 为水力半径；V_φ 是从侧向流入水流方向的平均速率，通常忽略不计；i 为明渠底坡倾斜度；M 表示的是明渠渠底宽度、距离地面的深度、断面之间的放宽率，M 表示明渠为棱柱形，这里使 $M=0$。

本章在仿真中，采用柯朗格式的特征差分法进行计算，并依据闸前和闸后水位值和预设值求解圣维南方程组。

4.2.3.3　仿真计算

在灌区现场，取一段长为 3 000m 的明渠，通过测量得这段明渠的粗糙率 $n=0.015$。渠道断面是梯形，测量得渠底宽度 $w=5$m，而渠道的边坡系数 $m=3$。明渠的上游是一个水位始终保持在 7.0m 不变的水库。水库与渠道相接处有一个控制闸，闸门宽度是 4.0m。明渠的下游建立一个取水口，在取水时流量一般会在 10min 内从 0 突变到 $30m^3/s$。初始模拟时测得渠道中水位为 3.5m。

在 MATLAB 中编程后输入"readfis"和"evalfis"命令即可读出模糊控制器的输出结果，即闸门开度变化值。将计算结果代入上面列出的公式就可以计算出上游流量边界，再解圣维南方程，就可以知道当前水位值。依次循环就可以实现实时控制水位保持在预设值误差范围内。仿真结果如图 4-10 所示，结果显示超调量为 13%，达到稳定状态需要 60s，稳态误差为 1.5%。仿真结果说明将模糊控制算法运用到闸门控制器中相比传统的控制方法能够大大减少系统超调量和稳定时间，即使在稳定状态还有误差，还需对该算法做进一步优化处理。但是将模糊控制算法运用到基于嵌入式的闸门控制器中也为对灌区水资源有效管理提供了另一种解决问题的方向。

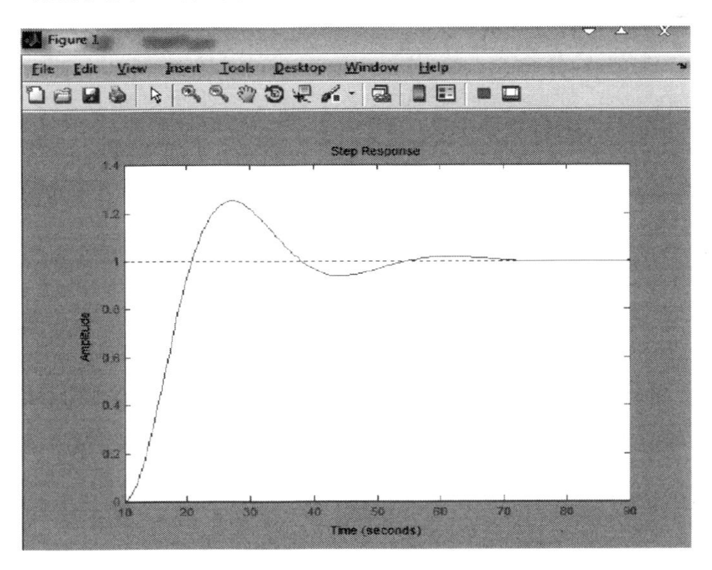

图 4-10　仿真结果

第 5 章　基于SSM自适应灌溉监测系统设计

5.1　设计方案

本章以果园环境检测为例。构建果园环境监测与智能灌溉决策于一体的自适应灌溉监测系统，在分析环境监测与自适应灌溉策略的基础上，设计基于 SSM 框架的可视化 Web 系统，使得该系统更加高效便捷地投入应用。

5.1.1　自适应灌溉监测子系统的架构设计

自适应灌溉监测子系统采用无线采集节点上的 CC 2530 处理器作为核心处理器，硬件上分为 CC 2530 处理器底板、传感器布设、8 通道控制柜设计 3 个部分，软件上分为 ZigBee 协议栈的构建、协调器程序设计、ZigBee-WiFi 网关软件设计、自适应灌溉模式 4 个部分。灌溉监测子系统需配备多个采集节点，每个采集节点上布置大气温湿度、土壤温湿度、风速风向传感器，能够收集分布在不同位置上节点的数据信息，各个节点之间组成 Z-Stack 星状网络，根据在接口所设置的协议定义通道个数，在通道上对传感器进行编号，实现环境因子多通道采集。各个传感器将采集的灌溉数据转发至 CC 2530，然后传送到 ZigBee 协调器，并通过无线数据传输网络发送到传输层的 ZigBee-WiFi 网关模块，最终网关模块将从 ZigBee 汇聚节点所接收的数据传输给 Tomcat 服务器，自适应 PID 控制系统根据灌区环境的变化自动去调节控制系统的参数，其中服务器收集到的土壤实时含水量作为反馈，作物的实际蓄水量为系统输入，对灌溉系统的隔膜水泵进行自动的智能化控制，确保作物始终保持适宜的土壤含水量，自适应灌溉监测子系统总体架构如图 5-1 所示。

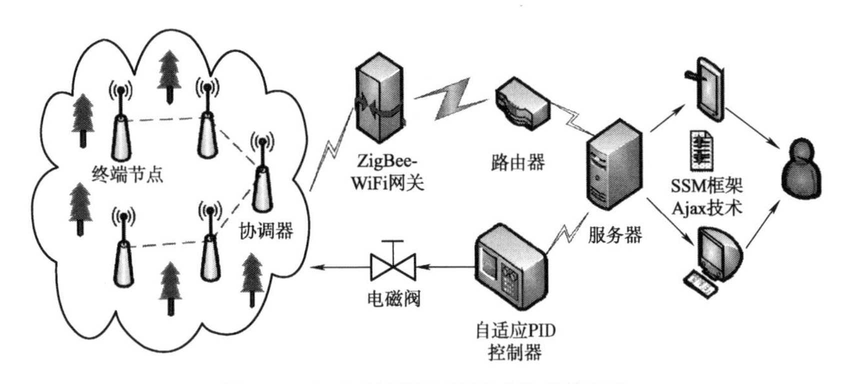

图 5-1　自适应灌溉监测子系统总体架构

5.1.2　基于 SSM 框架灌溉监测子系统方案设计

基于 SSM 框架灌溉监测子系统是利用 SSM 框架搭建的一个 B/S 模式的上位机 Web 系统，其中 SSM 框架集是由 Spring、SpringMVC、MyBatis 三个开源框架整合而成的一款优秀的基于 J2EE 的 Web 项目的框架(欧勤坪，2009)。首先根据该灌溉监测系统的功能要求设计各个功能模块，选择合适的数据库并设计相应数据库方案，然后进行 SSM 框架的搭建并给出 SSM 框架的配置方案以及核心模块的实现，使得灌溉监测系统各部分功能模块化，便于后期扩展与维护，SSM 框架的监测子系统总体方案设计图如图 5-2 所示。

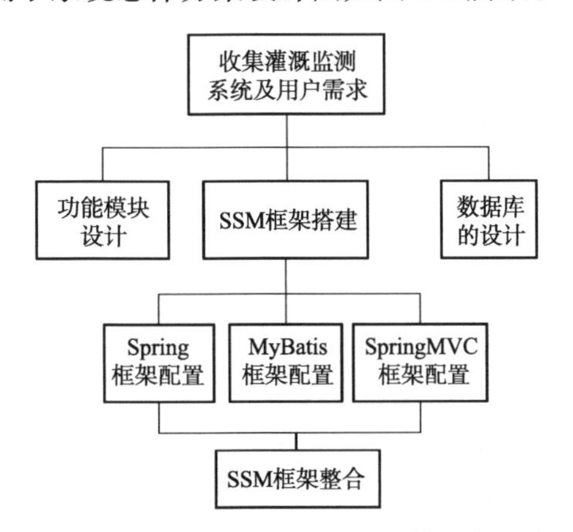

图 5-2　SSM 框架的监测子系统总体方案设计图

5.1.2.1　系统模块设计方案

根据该系统的功能要求，该 SSM 灌溉监测系统包括注册登录、环境监控、设备管理、数据查询、报警共 5 个大模块，其中用户登录模块分为用户注册和注册登录两个子模块环境；环境监控模块为摄像头监控；设备管理模块可以增加或者删除设备信息，同时用户还可以查到该设备的厂家、型号等具体信息，方便后期维护；数据查询模块中不仅可以查询实时数据、根据时间段查询历史数据，还可以按节点查询具体节点处的环境因子数据信息；报警模块可以人为设置自动报警信息，每当监测数据超出其控制范围时，便会发出警告信号，提醒用户采取相应措施，SSM灌溉监测系统总体功能模块框如图5-3所示。

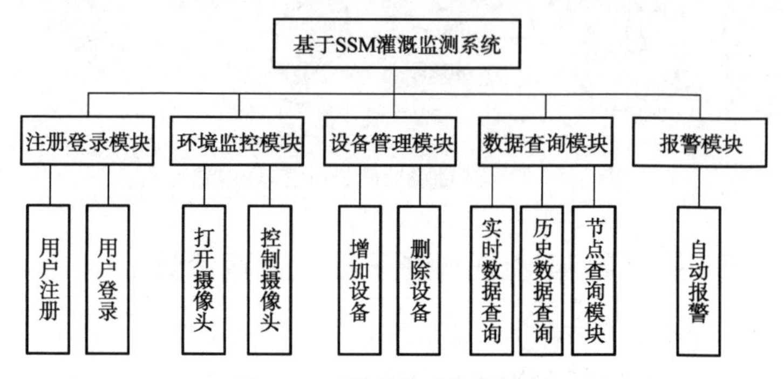

图5-3　系统总体功能模块框

5.1.2.2　SSM框架总体架构

为了方便该灌溉监测系统的后期模块扩展和运营维护并提高用户体验，其上位机Web系统采用B/S模式SSM框架进行搭建，由于它又是标准的MVC设计模式，可以将整个架构分为View层、Controller层、Service层、Dao层4层次，SSM框架整体架构如图5-4所示。

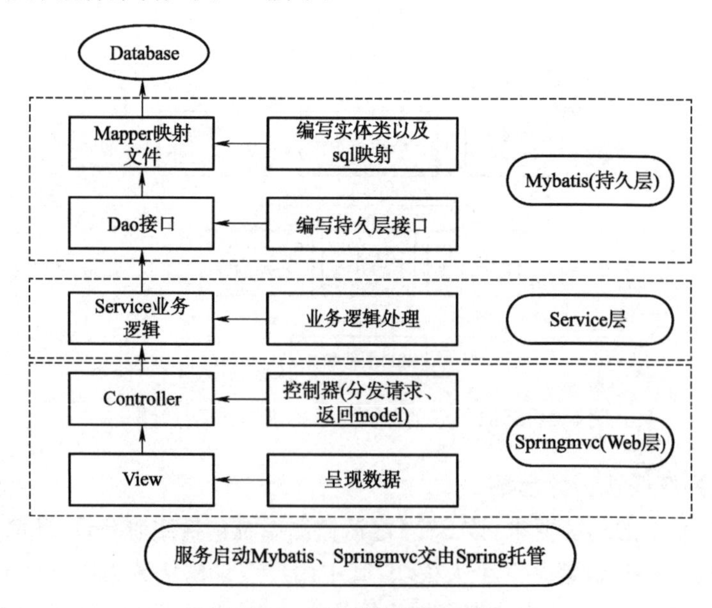

图5-4　SSM框架整体架构

由图 5-4 可知，Dao 层（mapper）为持久层，即负责数据持久层的工作，与数据库有关的任务都会封装在 Dao 层里，因此设计 Dao 层应该首先设计 Dao 的接口，即编写持久层的接口，可以在系统模块中调用此接口来处理相关的数据业务，只需在 Spring 的配置文件中写此接口的实现类和配置数据源的相关操作，使结构变得清晰明了，同时在 Mapper 映射文件中编写实体类以及 SQL 映射；Service 层业务层，在业务层中一般设计系统相关的业务模块。Controller 层为表现层，它与 View 层联系较为紧密，常常将两层结合在一起进行开发设计，Controller 层负责设计系统具体的业务模块流程，Service 层的接口在该层被调用，同样，在 Spring 的配置文件里进行相关控制的配置，具体的业务流程对应具体的控制器，这样便能够设计出可以多次重复使用的子单元流程模块，系统的程序结构就会变得清晰，使得系统设计人员将更多的精力放在系统业务上，而不是复杂的代码编写（池锡炳，2008）上。而 View 层主要是展示给用户看的前端页面，其中一般存放 jsp、html 等静态资源。因此，对于这四个层次设计开发，明确接口的定义后调用其接口，就可以轻松地完成所有的逻辑单元应用，简化了系统的开发过程。

5.1.2.3　系统开发环境

搭建 SSM 框架灌溉监测子系统的开发环境需要安装 Java 运行所需的 JDK，本系统将选取 JDK 1.7 并按要求配置好环境变量，并使用 eclipse IDE 进行开发，其工作界面如图 5-5 所示。

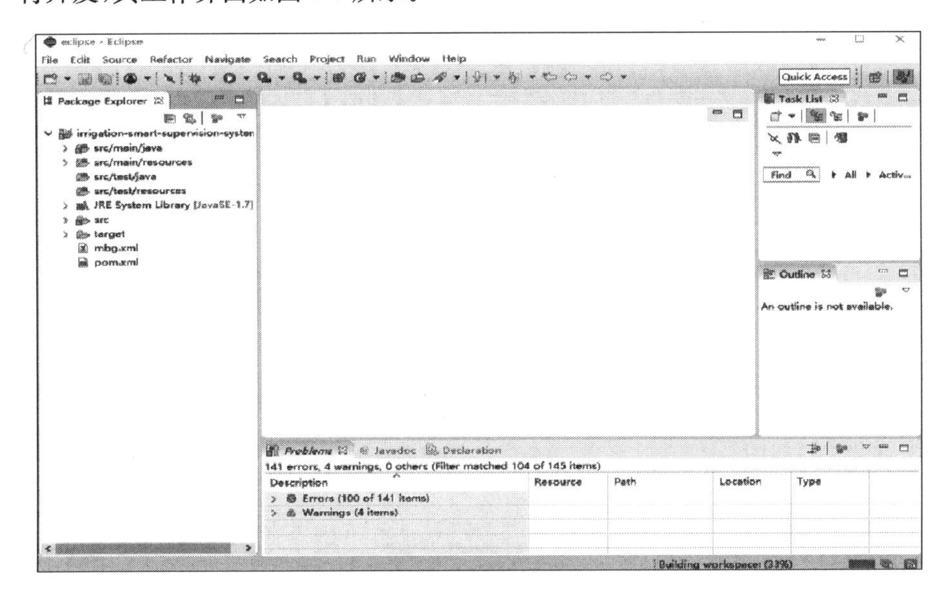

图 5-5　系统开发界面

5.2 实践应用

5.2.1 定时灌溉与自适应灌溉对土壤墒情的影响

本系统将采用自适应灌溉的方式，为了验证自适应灌溉对土壤墒情的影响，在柑橘基地里选取3个点进行此次灌溉对比试验，柑橘在各个时期所需的土壤含水量如表5-1所示。

表5-1 柑橘各生长阶段所需土壤含水量

成长阶段	抽芽期	结果期	成熟期	采摘后期
所需土壤含水量	63%	78%	68%	55%

因此，本次试验3个点均选取成熟期的柑橘作为灌溉对象，第一个节点为定时灌溉，设置为每天早上8:00开始滴灌，每次滴灌30min，上午下午各滴灌两次；第二个节点为自适应灌溉模式，灌溉前系统预设期望土壤含水量为35%；第三个节点处设置为空白对照组，即不进行灌溉只检测土壤含水量。最后，对于以上三种灌溉方式进行为期一周的土壤含水量的对比试验，采集时间为24h，周期为1h，并记录一周内三种灌溉模式的土壤含水量的变化情况如图5-6所示。

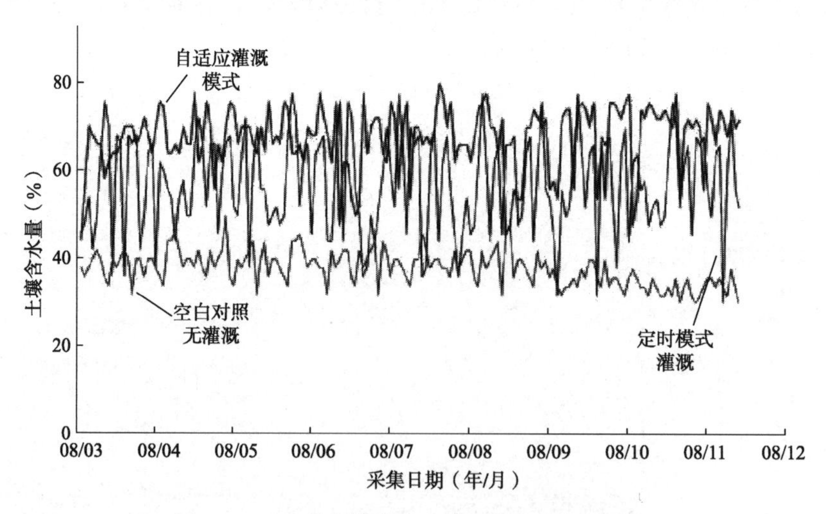

图5-6 三种灌溉模式的土壤含水量的变化情况

由图5-6可知，三种灌溉模式下，自适应灌溉土壤含水量变化几乎稳定在65%～70%之间，变化较定时灌溉要平稳，能够基本保持作物适宜的土壤含水量，更加适宜作物生长。

5.2.2　系统功耗测试

5.2.2.1　系统节点功耗测试

功耗是评价系统的重要指标之一，本次试验中灌区部署了四个终端节点以及相应的传感器，首先测试将节点作为负载时的功耗情况。通过前面节点传感器的选型得知，CC 2530 及空气温湿度传感器、土壤温度传感器、插针式土壤水分传感器、风向风速传感器的工作电流如表 5-2 所示。

表 5-2　CC 2530 及各传感器工作电流

设备名称	工作电流/mA
空气温湿度传感器	1.8
土壤温度传感器	4.5
插针式土壤水分传感器	6
CC 2530×4	29×4
风向风速传感器	8

通过表 5-2 给出的 CC 2530 以及各传感器的工作电流，可以计算出一个 ZigBee 终端节点的输出电流为 49.3mA，考虑到灌溉环境多在偏远地区，供电系统难以部署，因此 ZigBee 节点使用 12V9Ah 规格的充满电的蓄电池对系统进行供电。在忽略蓄电池自身消耗和温度影响的情况下，电量计算公式如下：

$$I=\frac{Q}{t}$$

通过上述公式可计算出该蓄电池能够维持单个 ZigBee 终端节点采集数据 182h，保证了系统长时间运行。

5.2.2.2　ZigBee-WiFi 与 ZigBee-GPRS 网关功耗测试

网关作为协调器与服务器的中间者，负责数据的收发，在这一过程中，将会引起电能的损耗，由于灌区一般采用可充电的蓄电池进行供电，因此不仅要考虑网关的通信性能，而且其功耗也要达到要求。为了测试 ZigBee-WiFi 网关能否满足灌区低功耗的要求，本次试验分别对 ZigBee-WiFi 网关和 ZigBee-GPRS 网关进行功耗测试，并使用两个全新的 12V 的蓄电池分别对 ZigBee-WiFi 网关和 ZigBee-GPRS 网关分别在一天中的 8:00—20:00 共进行 12h 供电，且网关每隔 2h 向服务器发送协调器汇聚的数据，然后利用数字万用表每隔 20min 对蓄电池的电压以及网关的工作电流进行测量，根据测量结果绘制出蓄电池剩余电压和网关工作电流随时间变化的曲线如图 5-7 所示。

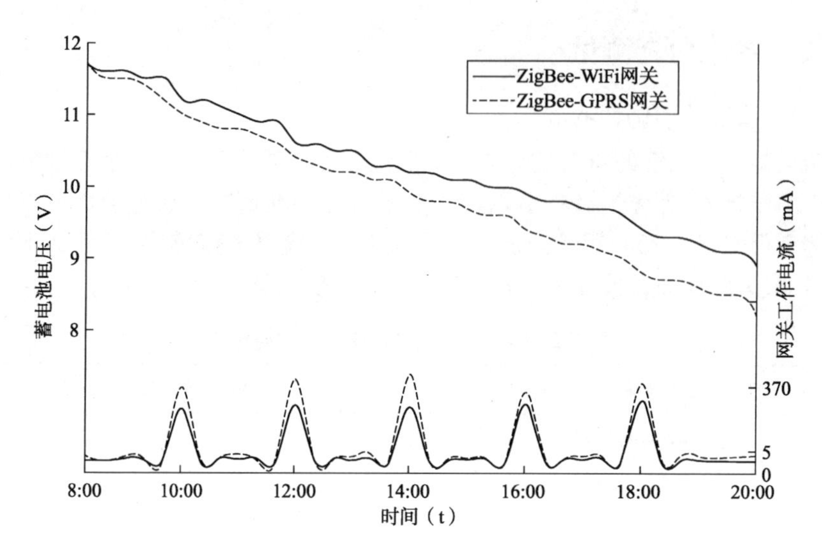

图 5-7　蓄电池剩余电压和网关工作电流随时间变化的曲线

由图 5-7 可知，两个同样的蓄电池分别对两个网关进行供电时，ZigBee-WiFi 网关要比 ZigBee-GPRS 网关消耗电能要慢，经过 12h，蓄电池电压下降也仅为 2.6V 左右；当两个网关每隔 2h 分别向服务器发送数据时，ZigBee-GPRS 网关瞬间工作电流会激增到 370mA 左右，ZigBee-WiFi 网关瞬间工作电流会激增到 300mA 左右。因此，ZigBee-WiFi 网关收发数据的功耗比 ZigBee-GPRS 网关要低，且在非工作状态下，ZigBee-WiFi 网关的工作电流均低于 4mA，满足系统低功耗的要求。

5.2.3　无线网络采集节点通信性能测试

对于无线网络采集节点通信性能测试主要是对网关节点的稳定性与可靠性进行测试。本试验测试系统各节点的拓扑关系为星型拓扑关系，系统由 4 个 ZigBee 节点与 1 个 ZigBee-WiFi 网关节点组成，节点高度为 2m，终端节点呈网格排列部署，且每个终端节点都有大气温湿度、土壤温度、土壤湿度与风向传感器，监测数据上传时间间隔为 10min，即每个节点每隔 10min 向网关发送一帧数据包，记下 1h 内网关收到的数据包数量。最后根据节点发送的数据包 1r 和网关接收到的数据包的数量 0r 计算其丢包率，计算公式如下：

$$P=\frac{r_0}{r_1}$$

试验采用 SmartRFStudio 软件对终端节点与网关节点 ZigBee 网络通信进行，测试内容为两种不同网关节点 ZigBee-GPRS 与 ZigBee-WiFi 网关节点在不同节点距离下接收的信号强度 RSSI 与丢包率，根据试验测试结果可以绘制出

ZigBee-GPRS 与 ZigBee-WiFi 网关下的信号强度与丢包率随节点距离的变化情况如图 5-8 所示。

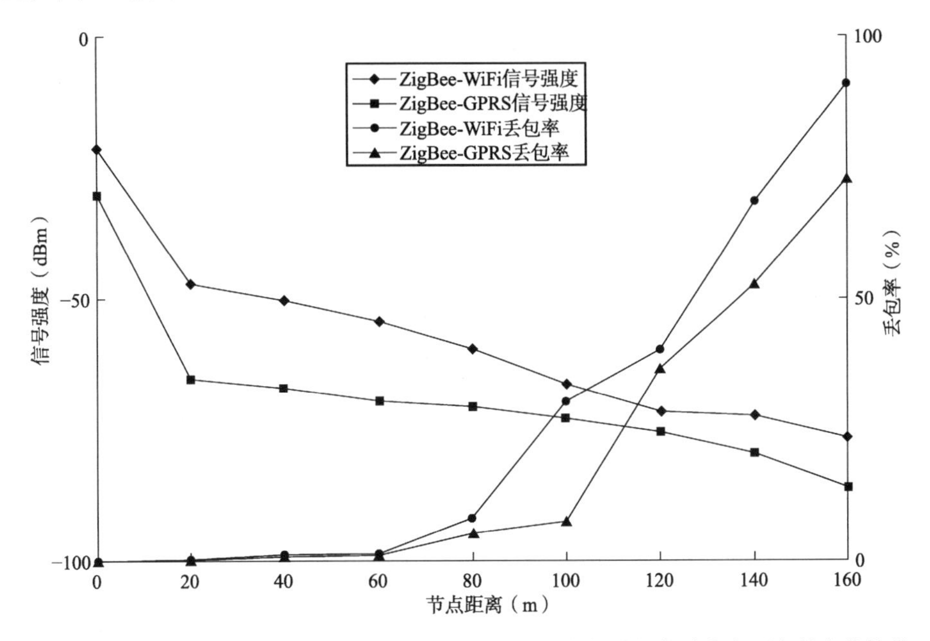

图 5-8　ZigBee-GPRS 与 ZigBee-WiFi 网关下的信号强度与丢包率随节点距离的变化情况

由图 5-8 可知，ZigBee-WiFi 网关节点距离为 60m 时丢包率几乎接近 0，且随着节点距离的增加，使用 ZigBee-WiFi 网关时丢包率始终比使用 ZigBee-GPRS 网关时要小，其信号强度变化情况也要比使用 ZigBee-GPRS 网关时要平缓，表明使用 ZigBee-WiFi 网关时信号强度要优于使用 ZigBee-GPRS 网关。因此，本系统中我们将选用 ZigBee-WiFi 网关取代传统的 ZigBee-GPRS 网关。

5.2.4　SSM 灌溉监测系统软件性能测试

对于该灌溉监测系统为了评估上位机软件性能和最终用户体验，在该系统交付之前，需要进行软件性能方面的测试，主要是对待测系统施加工作负载，也就是需要通过模拟产生真实业务的压力对被测系统进行测试，观察被测系统在不同压力情况下的性能参数变化情况。本次测试选择 Load Runner 作为测试工具，该测试工具能够自定义虚拟用户数量及模拟他们的操作行为对系统进行实时监测，测试该灌溉监测系统性能的优劣（肖静，2006）。Load Runner 主要具有虚拟用户脚本产生器（virtual user generator）、Load Runner Controller、分析性能测试结果（load runner analysis）三大功能模块，因此适用于各种体系架构，能支持广泛的协议和技术，其软件运行界面如图 5-9 所示。

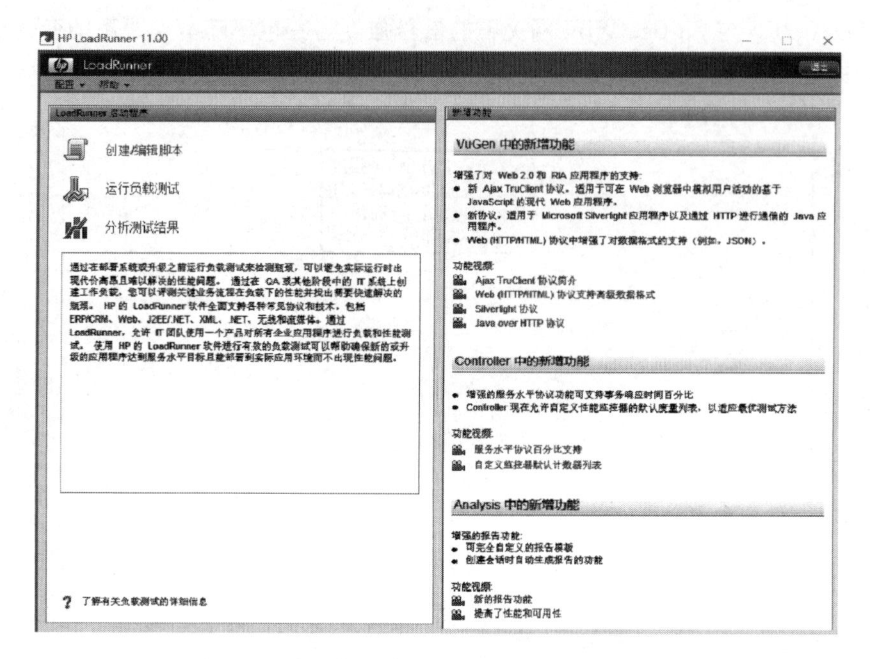

图 5-9　Load Runner 运行示意

5.2.4.1　灌溉监测系统软件性能测试

系统软件性能的优劣直接影响系统后面的运维工作与用户体验，本次将根据系统的三个指标：TPS、CPU 利用率、事务平均响应时间来评测系统的优劣。其中 TPS 为每秒处理事务的次数，也就是每秒发送给服务器的请求处理完成的次数；CPU 利用率就是该系统占用 CPU 的资源，CPU 利用率越低，该系统响应越快也越稳定。将项目部署到服务器上之后，利用 Load Runner 进行测试，得到 TPS、CPU 利用率、事务平均响应时间的变化曲线如图 5-10 至图 5-12 所示。

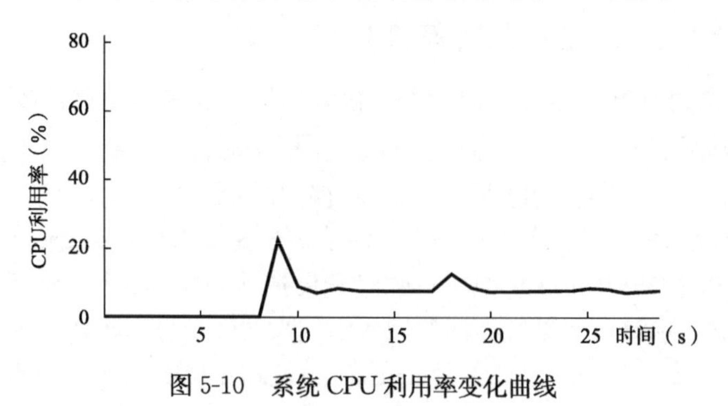

图 5-10　系统 CPU 利用率变化曲线

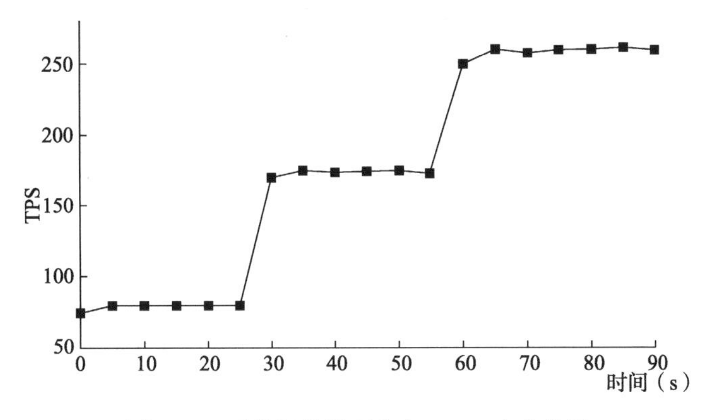

图5-11　系统每秒处理事务(TPS)变化曲线

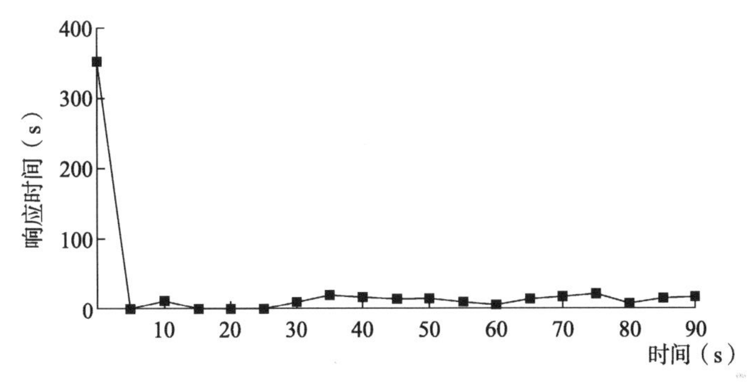

图5-12　事务平均响应时间变化曲线

由图5-10至图5-12可以看出，当系统稳定运行时，CPU利用率只有8%左右，每秒处理事务的数量也在稳定地变化，系统响应时间稳定在5ms以内，系统的实时性及稳定性得到了很好的保证。

5.2.4.2　Tomcat服务器性能测试

Tomcat作为开源免费的服务器，其性能直接决定了用户体验，一般用QPS（每秒查询率）值来衡量一个服务器的性能，QPS计算公式如下：

$$QPS=\frac{\text{并发数}}{\text{平均响应时间}}$$

如果要想明显提升QPS，首先要尽量选择CPU性能好的服务器，然后是调整JVM虚拟机内存，还需要选择一个合理的MaxThreads值，默认情况下Tomcat只支持200线程访问，因此需要提高其值，才能提高同时处理请求的个数，从而提高系统整体的处理能力，得到最高、最稳定的QPS输出。分别对服务器调优前和调优后进行测试，测试结果如表5-3所示。

表 5-3　调优前后 Tomcat 测试结果

项　　目	默认 Tomcat	调优后 Tomcat
maxThreads	200	1 000
平均响应时间	120ms	7ms
虚拟 JVM 内存	128MB	2 048MB

由表 5-3 可知，调优后的服务器的 Average（平均响应时间）只有 7ms 且 maxThreads 变大，使得 *QPS* 显著增加，Tomcat 服务器性能较调优前大幅度提升。

5.3　多用户并发测试

并发用户数在同一时刻与服务器进行了交互的在线用户数量，一般来说，系统最大用户并发数越大，用户登录以及在使用系统的过程中，体验便会越佳。使用 Load Runner 的 Virtual User Generator 能很简便地创立系统负载，系统负载能够生成虚拟用户，只需设置起始人数、最大人数、发包间隔时间（即每个机器人两次发包之间的间隔时间。如图 5-13 所示，假如发包时间设为 100ms，机器人在发包 50ms 后收到回包，会等 100ms 发出下一个包）、超时时间（后台会将超出“超时时间”未返回结果的包丢弃）。经过测试，单台连接管理服务可以承受 150 用户同时在线，满足多用户并发的测试负荷。测试多用户并发的软件设置如图 5-13 所示。

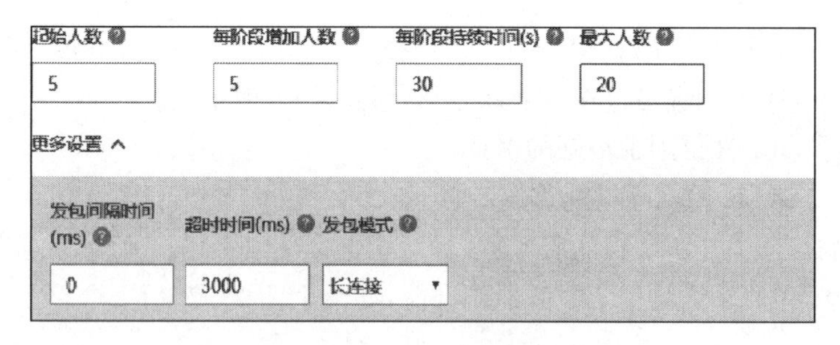

图 5-13　多用户并发测试软件设置

第 6 章　基于STM 32的灌区监测系统设计

6.1　设计方案

6.1.1　灌区监测终端硬件设计

本章主要介绍灌区图像采集与无线传输终端的硬件电路设计与实现，包括主处理器最小系统电路、电源电路、JTAG 电路、串口电路、图像采集模块电路、图像存储模块电路和无线传输模块电路等。

6.1.1.1　灌区监测终端核心电路设计

(1)主处理器最小系统电路设计

本研究中，主控制芯片采用的是 ST 公司的增强型 Cortex-M3 内核系列微处理器 STM32F103RBT6，其供电电压为 2.0～3.6V，最高频率可达 72MHz，拥有 20kHz 的 SRAM 和 128kHz 的 Flash，封装形式采用 LQFP64。STM32F103RBT6 自带 3 个串口、2 个 SPI 接口和 I2C 接口、1 个 USB 2.0 标准接口，可以满足本系统丰富外设的接口需求。同时，芯片内部自带能为系统数据运行提供时间标记的 RTC 和保证系统稳定运行的看门狗。系统主处理器部分硬件原理如图 6-1 所示。

图 6-1 中 RESET 为复位按钮，用于主处理器 STM32F103RBT6 的复位。Y2 采用大小为 8MHz 的晶振来作为系统的主晶振，其可以通过主处理器内部倍频到 72MHz 来为其他高频外设提供时钟。为了提高该晶振提供的高频时钟的稳定性，在其输入输出引脚上并接了 1MΩ 的电阻对高频时钟进行平滑。Y1 采用 32.768kHz 的晶振作为 RTC 模块的专用晶振。为了保证系统外部电源掉电时 RTC 时间不间断，系统增加了 3V 纽扣锂电池(BAT1)作为系统的备用电源。当外部电源 VCC 3.3 掉电时，BAT1 才会工作，并且仅给 MCU 供电，从而可以使锂电池的使用寿命长达 5 年之久。

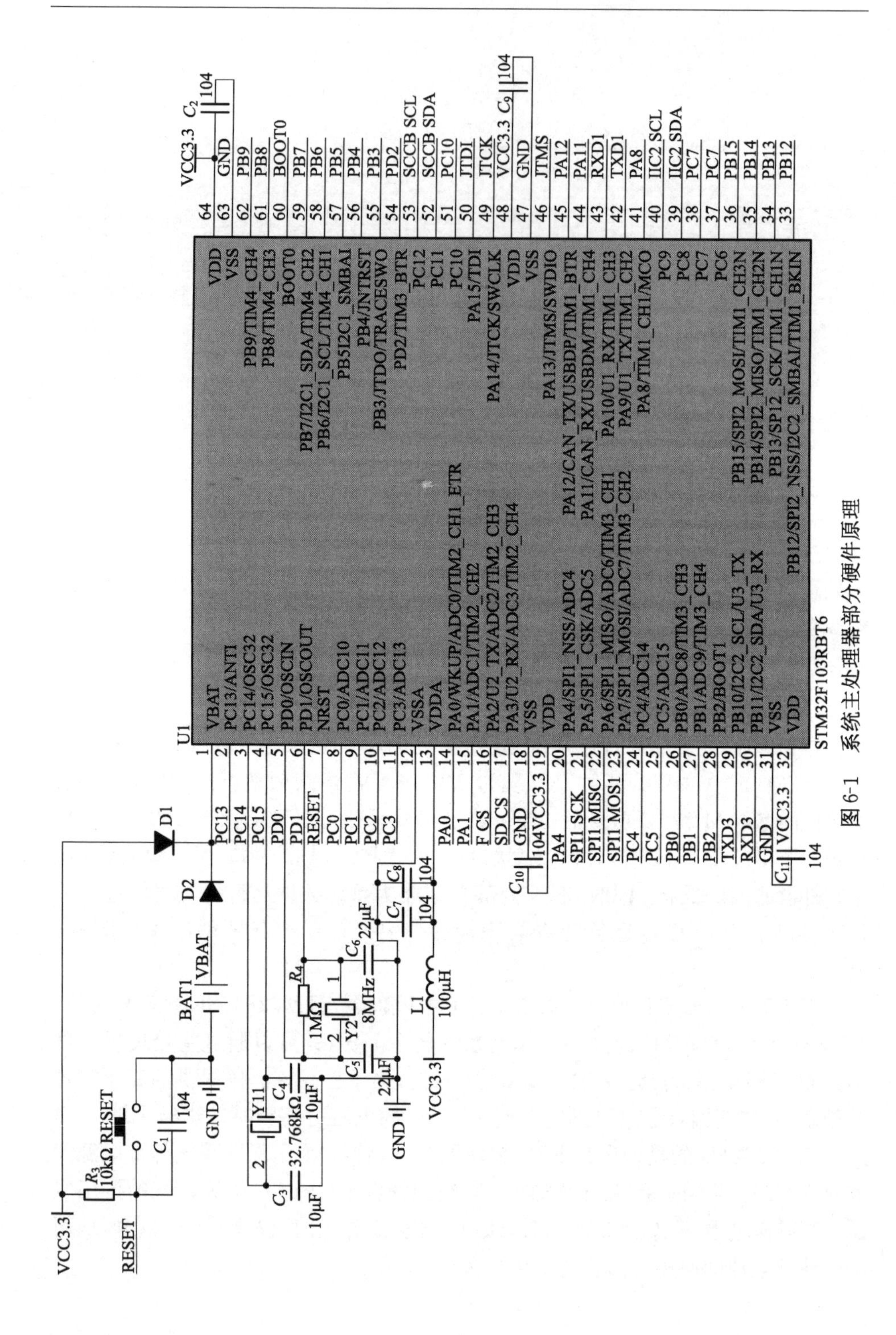

图 6-1 系统主处理器部分硬件原理

(2)电源电路设计

电源是整个系统的能量供给，良好的电源设计是保证灌区监测终端稳定运行的基础。本研究设计的灌区监测终端，其核心芯片 STM32F103RBT6 要求的供电电压为 2.0～3.6V，其他外围设备（如 JTAG、OV7670、SD 卡等）需要的供电电压为 3.3V，因此需要为整个系统设计 3.3V 电源电路。

灌区监测终端的安装地点为供电不方便的偏远野外，交流电无法供给，故选用 12V 蓄电池作为电源引入。12V 电源转换为 3.3V，差动较大，为了保证电源的供电可靠性，减少系统中较大的电流冲击，首先采用 12V 转 5V 芯片引出 5V 电源，再从 5V 转换为 3.3V 电源。

在第一代样机设计中，为了保证可靠的电源供给，设计了 2 套 12V 转 5V 电路：分别采用电源转换芯片 LM 7805 和 TPS 76350。经过试验，TPS 76350 芯片允许电流小，很容易烧坏；而 LM 7805 供给电源稳定可靠，因而最终选择 LM 7805 作为 12V 转 5V 的电压转换芯片。12V 转 5V 电路如图 6-2 所示。

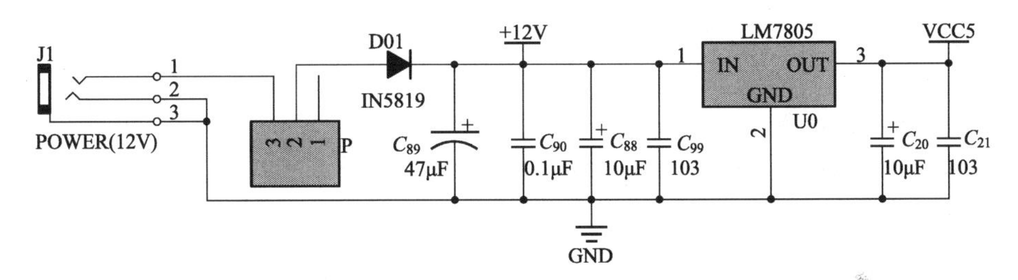

图 6-2　5V 电源电路

5V 转 3.3V 电路，采用低压差线式调压器 AMS1117-3.3。AMS1117 系列芯片输出电流最高可达 800mA，输出电压的精度在±1%以内，具有电流限制和热保护功能，且价格低廉。3.3V 电源电路如图 6-3 所示。

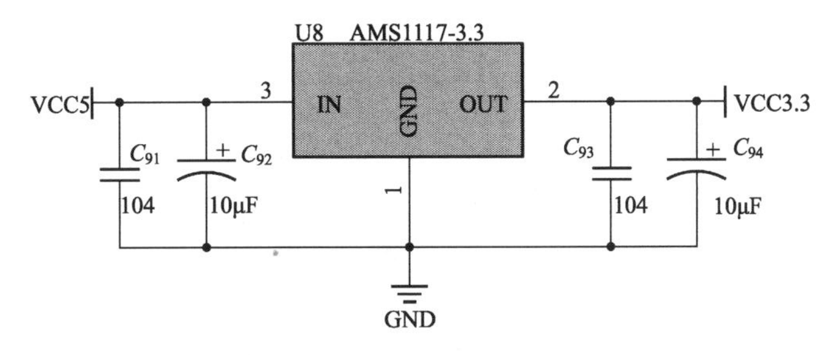

图 6-3　3.3V 电源电路

同时，为了方便调试和扩展，电源设计中将 5V 电压和 3.3V 电压通过插针引接出来，如图 6-4 所示。

(3)JTAG 电路设计

STM32F103RBT6 具有 JTAG 接口和 SWD 接口，这两种接口是共用的。为了方便程序下载和硬件在线调试，系统中还设计了 JTAG 电路，其原理如图 6-5 所示。

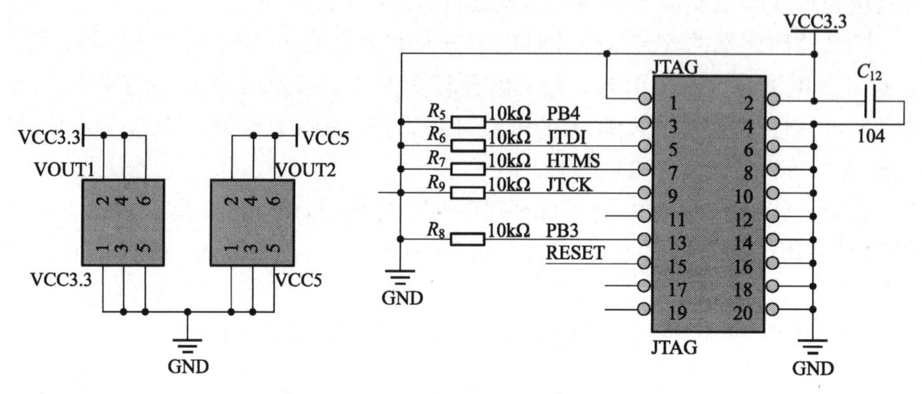

图 6-4　5V、3.3V 引出电路图　　　　图 6-5　JTAG 电路

(4)串口电路设计

串口是微处理器的重要通信接口，在实际应用中既可以作为调试工具，也可以连接外围设备。STM32F103RBT6 可提供 3 路串口，通常将串口 1 作为调试端口，串口 2 和串口 3 可与外部设备相连接。本设计中只引出串口 1 和串口 3，串口 1 用于调试，串口 3 与无线传输模块 M 20 相连接。电平转换芯片采用 MAX 3232，与系统中大多数元件可以共用一套电源电路。图 6-6 为串口电路图。

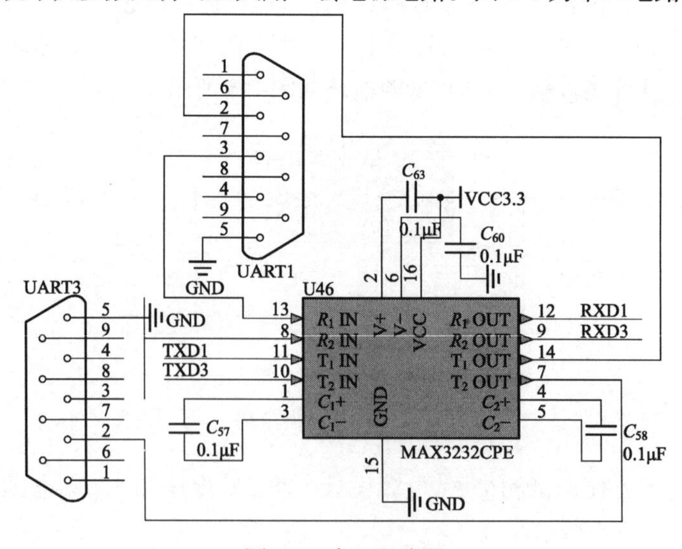

图 6-6　串口电路图

6.1.1.2　图像采集模块电路设计

图像采集模块采用CF7670C-V2，其采用的传感器芯片为OV7670。OV7670的数据输出速度很快，一般处理器很难达到如此快的处理速度，往往需要采用FIFO模块来存储摄像头的数据，处理器在需要时再从FIFO中读取数据。CF7670C-V2模块上集成了CMOS摄像头常用的FIFO模块AL422B，解决了速度不同步的问题，其各引脚描述如表6-1所示，外观如图6-7所示。

表6-1　CF7670C-V2引脚描述

引脚	名称	描述
1	VCC	电源，3.3～5V
2	GND	电源地
3	SCCB_SCL	时钟信号，频率不可大于100kHz
4	SCCB_SDA	数据信号
5	VSYNC	帧同步输出
6	HREF	行同步输出
7	WEN	CMOS图像传感器数据写入到FIFO的写允许控制信号，WEN为高时，允许写入
8	NC	悬空
9	RRST	先拉为低电平，至少一个RCLK周期后拉为高电平，此时FIFO读地址指针就复位到0地址
10	OE	OE为高时，数据线D[0～7]为高阻状态；OE为低时，数据线D[(0～7]为正常输出
11	RCLK	普通的RD(读)信号
12	GND	电源地
13～20	D0～D7	FIFO图像数据输出

图6-7　OV7670外观

利用 STM 32I/O 口的重映射特性，在硬件上将 OV7670 的信号线 SCCB_SDA、SCCB_SCL 分别与 STM 32 的 PC11、PC12 相连接，OV7670 的 8 条数据线 D0～D7 分别连接 STM 32 的 PC0～PC7。

图 6-8 所示为 OV7670 与 STM 32 的接线图。

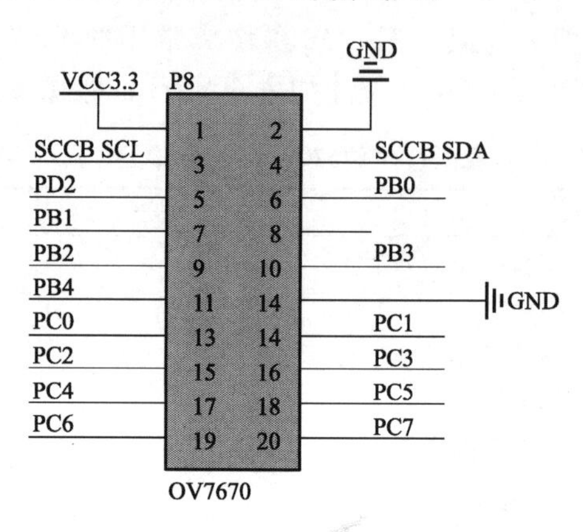

图 6-8 OV7670 与 STM 32 的接线图

6.1.1.3 图片存储模块电路设计

系统中采用 SD 卡对 OV7670 采集的图像信息进行备份保存，根据 SD 卡与主控制器的通信协议不同，SD 卡对外提供两种访问模式：SD 模式和 SPI 模式。SPI 是一种高速的、全双工、同步的通信总线，STM32 微处理器具有 SPI 总线，因此本设计中采用 SPI 模式读/写 SD 卡。SPI 模式下 SD 卡的引脚定义如表 6-2 所示。

表 6-2 SD 卡在 SPI 模式下的引脚定义

引脚	SPI 模式		
	名称	类型	描述
1	CS	I	片选(低电平有效)
2	DI	I^5	数据输入
3	Vss	S	电源地
4	V_{DD}	S	电源
5	CLK	I	时钟
6	Vss	S	电源地
7	DO	O/PP	数据输出
8	NC		悬空
9	NC		悬空

在硬件电路设计中，SD 卡的 SPI 接口连接到 STM32 的 SPI1 上，SD_CS 连接到 PA3 上。图 6-9 所示为 SD 卡与 STM32 的接线图。

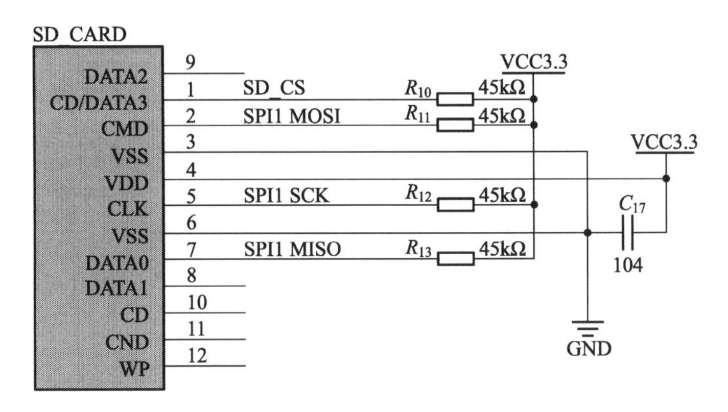

图 6-9　SD 卡与 STM32 的接线图

6.1.1.4　无线传输模块电路设计

无线传输模块选用上海龙兰新电子 SH-LLXDZ 开发制作的 Quectel M 20 彩信模块。M 20 是一款全功能的 B2B(Board to Board)连接器类型的 GSM/GPRS 四频模块，开发人员可方便地将其集成到实际应用中，且具有很高的可靠性和较强的鲁棒性。它采用工业标准接口，支持 GSM/GPRS 850/900/1 800/1 900MHz 的语音、短信、数据传输和传真等功能，内嵌强大的网络协议，能够支持中国移动的彩信服务，支持 GPRS 12 级，是目前 GPRS 级别最高的无线通信模块。

M 20 具有较小的尺寸，仅为 35mm×32.5mm×2.95mm，几乎能满足所有 M2M 的应用，包括车船交通服务、智能电表、无线销售终端、智能测量、无线支付、安防监控等领域。图 6-10 为 GPRS 模块 M20 外观图。

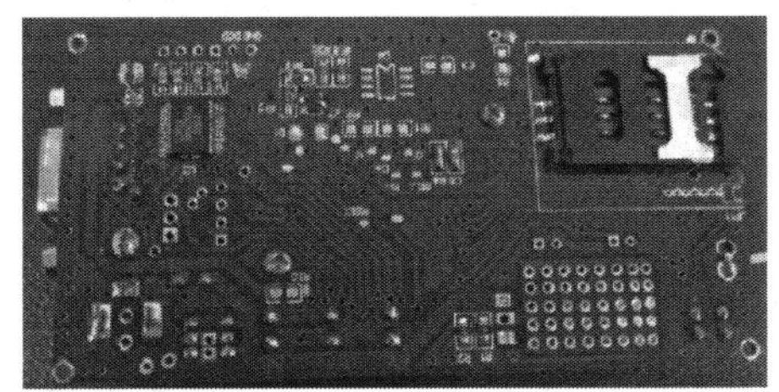

图 6-10　GPRS 模块 M 20 外观图

合理的电源设计能够保证模块可靠、稳定地工作，M 20 电源电压为 3.4～4.5V，图 6-11 为本系统中 M 20 的供电设计，通过线性稳压器 LT1086 将 5V 电压调节到4V。本文采用的M 20无线通信模块采用了低功耗技术,电流功耗在睡眠状态下,低至1.1mA,很适于在野外无交流电源的情况下使用。在外形和引脚方面,M 20都与MC 55兼容,可方便用户替换。

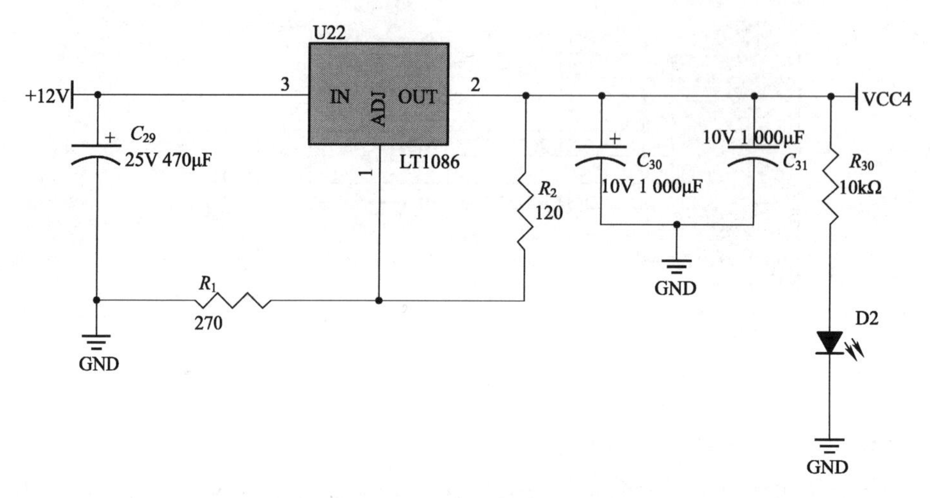

图6-11　GPRS模块M 20供电设计

6.1.2　灌区监测终端软件设计

系统功能的实现除了与硬件有关以外,还要依赖于软件程序。灌区监测终端的主要功能是实现监测区域图像的采集、保存和无线传输,软件设计主要是编写CMOS摄像头采集图像、FATFS文件系统的移植、SD卡存储图像、GPRS无线传输模块发送彩信等程序。

6.1.2.1　软件开发环境简介

Real View MDK(Real View microcontroller development kit,Real View微控制器开发集)开发套件源自德国Keil公司,是ARM公司目前最新推出的针对各种嵌入式处理器的软件开发工具。它包含了uVision4集成开发环境、工业标准的Keil C编译器(Real View C/C++ Compiler)、宏编译器(Real View Macro Assembler)、调试器(uVision4 Debugger)、实时内核等组件,支持ARM 7、ARM 9和最新Cortex-M3核处理器等。与ARM之前的工具包ADS相比,Real View编译器的最新版本对性能的改善超过20%。其性能的优越性主要体现在以下几个方面:

(1)可以自动配置启动代码,它的档库中保存有大量芯片的启动代码文件。

(2)具备强大的设备模拟功能,可以仿真整个目标硬件,包括快速指令集仿真、外部信号和 I/O 仿真、中断过程仿真、片内外围设备仿真（ADC、DAC、EBI、Timers、UART、CAN、I2C）等。工程师在无硬件或对目标 MCU 没有更深入了解的情况下即可开始软件开发和调试，使软硬件开发同步进行，大大缩短了开发周期。

（3）自带性能分析器，可以协助使用者查看代码覆盖情况、程序运行时间、函数调用次数等高端控制功能，对于快速定位死区代码及帮助优化分析等起到了关键作用。

（4）Real View MDK 集成的 Real View 编译器是业界最优秀的编译器，它能使代码容量更小、执行效率更高；使应用程序运行更快、系统成本更低。本研究中，采用 Real View MDK 软件开发环境进行 C 语言编程，实现灌区监测终端的软件设计。

6.1.2.2　系统应用程序的编写

灌区监测终端的应用程序主要包括：CMOS 摄像头采集图像程序、FATFS 文件系统的移植、SD 卡存储图像程序、GPRS 无线传输模块发送彩信程序等。为了提高程序的易懂性且方便查错，在软件程序的编写中采用模块化设计思想。图 6-12 为整个系统软件设计流程图。

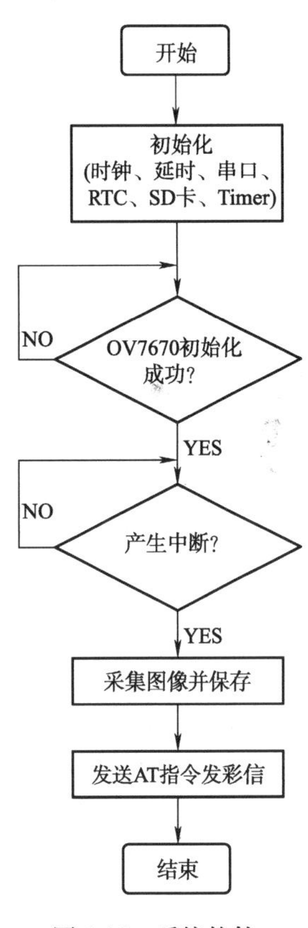

图 6-12　系统软件设计流程

（1）CMOS 摄像头采集图像程序

CMOS 图像传感器 OV7670 具有丰富的编程控制功能（魏崇毓和韩永亮，2010）。在进行图像采集前，首先要对 OV7670 进行初始化。本系统通过调用 OV7670_Init 函数来完成 OV7670 的初始化，程序返回 0 表示 OV7670 初始化成功，返回 1 则表示初始化失败。OV7670 初始化成功后，采用中断的方式控制其进入图像采集状态。OV7670 的采集速度要比 STM 32 的处理速度快很多，因此先将采集的图像数据缓存到 FIFO 中。OV7670 内部具有很多寄存器，摄像头的数据输出分辨率、数据格式、图像帧频等都可以通过对 OV7670 内部寄存器进行读写来设置。OV7670 采用简单的三相（Phase）写数据方式，即在写寄存器的工程中先发送 OV7670 的 ID 地址（ID Address），然后发送写数据的目的寄存器地址（Sub_address），最后发送要写入的数据（Write Data）。

写 OV7670 寄存器的代码如下：

```
//返回:0  成功;1  失败
 u8 OV7670_WR_REG(u8 regAddr,u8 regData)
{
  SCCB_START();                      //开始传输命令
 if(SCCB_WR_Byte(0x42)==1)           //写入
{
  SCCB_STOP();                       //停止传输
  return 1;                          //返回错误
}
delay_us(20);
if(SCCB_WR_Byte(regAddr)==1)         //写寄存器
{
  SCCB_STOP();
  return 1;
}
delay_us(20);
if(SCCB_WR_Byte(reg Data)==1)        //写数据
{
  SCCB_STOP();
  return 1;
}
SCCB_STOP();
 return 0;
}
```

读寄存器的过程与写寄存器相似，也是简单的三相(Phase)方式，只不过是在写完三相之后，多加了一个读取数据的过程。

读 OV7670 寄存器的代码如下：   //返回:0 成功;1 失败

```
u8 OV7670_RD_REG(u8 regAddr,u8 * regData)
{
  SCCB_START();
 if(SCCB_WR_Byte(0x42)==1)           //写入
 {
   SCCB_STOP();
   return 1;
 }
delay_us(20);
 if(SCCB_WR_Byte(regAddr)==1)        //写寄存器
 {
   SCCB_STOP();
   return 1;
 }
```

```
        SCCB_STOP();
        delay_us(20);
        SCCB_START();
        if(SCCB_WR_Byte(0x43)==1)           //读取
        {
          SCCB_STOP();
          return 1;
        }
        delay_us(20);
        *reg Data=SCCB_RD_Byte();           //读取寄存器数据
        SCCB_noAck();                       //发送 noAck 命令
        SCCB_STOP();                        //停止传输
        return 0;
      }
```

在本设计中，首先将 OV7670 采集的图片信息保存到 SD 卡中，再通过无线传输技术 GPRS 发送到目标用户手机。无线传输模块 M 20 要实现彩信发送，需要求图片大小不能超过 100KB，所以通过配置 OV7670 寄存器将图片输出格式设置为 QCIF(144×176)，大小为 49.5KB。

(2)FATFS 文件系统的移植

为了能够让 PC 机正常地识别和读取 SD 卡上存储的图片数据，需要为 PC 机与 SD 卡间建立一个通用的文件系统。FATFS 文件系统是一种开源的嵌入式小型文件系统，它的编写遵循 ANSIC 标准，因此移植性好，且不依赖于硬件平台。FATFS 文件系统的移植不需要对源码进行修改，只需将存储器驱动函数写好，并与其硬件操作函数“对接”即可(吴泰霖，2011)。FATFS 的层次结构如图 6-13 所示。

①顶层的应用层是跟硬件平台无关的用户接口，跟移植没有关系。

②中间层的 FatFs Module 包含了 FAT 档系统的所有协议，跟移植也无关，在使用时调用它供给用户的接口函数即可，如文档的打开、读写、关闭、复制等。

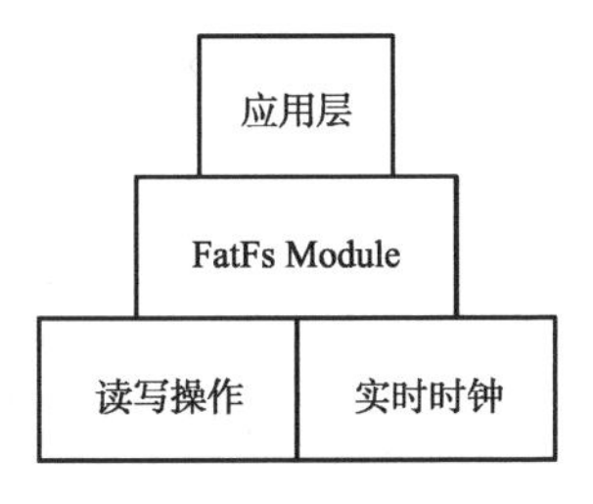

图 6-13　FATFS 层次结构

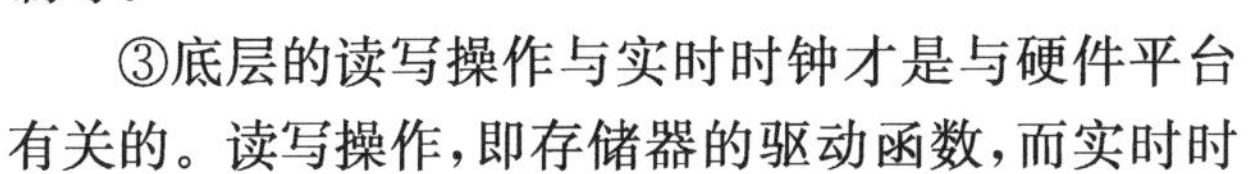

③底层的读写操作与实时时钟才是与硬件平台有关的。读写操作，即存储器的驱动函数，而实时时钟则是为了记录文档的创建修改时间而提供给它的，而本文 SD 卡所保存的图片信息中已包含了时间，所以这个实时时钟可以不必管。了解了 FATFS 文件系统的层次结构及各层的功能，移植就变得简单了。在已有 SD 卡驱动的前提下，只需将 SD 卡驱动函数交给 FATFS 即可。找到 FATFS 档系统源码跟底层

驱动相关的文档 diskio. c，找到 3 个与移植相关的函数 disk_ioctl()、disk_read() 和 disk_write()，实现分别如下，其他函数直接 return 0 即可。

```
DRESULT disk_ioctl (
      BYTE drv,            // Physical drivenmuber (0…)
      BYTE ctrl,           // Control code
      void * buff          // Buffer to send/receive control data
)
{
      DRESULT res;
      if (drv)
      {
          return RES_PARERR;          //仅支持单磁盘操作，否则返回参数错误
      }
  //FATFS 目前版本仅需处理 CTRL _ SYNC，GET _ SECTOR _ COUNT，GET _
BLOCK_SIZ 三个命令
     switch(ctrl)
     {
       case CTRL_SYNC:
            res=RES_OK;
            break;
       case GET_BLOCK_SIZE:
             *(WORD*)buff = 512;
            res = RES_OK;
            break;
       case GET_SECTOR_COUNT:
             *(DWORD*)buff = SD_GetCapacity();
            res = RES_OK;
            break;
       default:
            res = RES_PARERR;
            break;
     }
     return res;
}
```

读设备函数 disk_read：

```
DRESULT disk_read (
      BYTE drv,              // Physical drivenmuber (0…)
      BYTE * buff,           // Data buffer to store read data
      DWORD sector,          // Sector address (LBA)
      BYTE count             // Number of sectors to read (1…255)
)
{
      u8 res=0;
```

```
        if(count==1)            //1 个 sector 的读操作
        {
            res = SD_ReadSingleBlock(sector, buff);
        }
        else                    //多个 sector 的读操作
        {
            res = SD_ReadMultiBlock(sector, buff, count);
        }
        //处理返回值,将 SPI_SD_driver.c 的返回值转成 ff.c 的返回值
        if(res == 0x00)
        {
            return RES_OK;
        }
        else
        {
            return RES_ERROR;
        }
}
```

写设备函数 disk_write:

```
DRESULT disk_write (
        BYTE drv,                   // Physical drivenmuber (0…)
        const BYTE * buff,          // Data to be written
        DWORD sector,               // Sector address (LBA)
        BYTE count                  // Number of sectors to write (1…255)
)
{
        u8 res;
        //读写操作
        if(count == 1)
        {
            res = SD_WriteSingleBlock(sector, buff);
        }
        else
        {
            res = SD_WriteMultiBlock(sector, buff, count);
        }
        //返回值转换
        if(res == 0)
        {
            return RES_OK;
        }
        else
        {
```

```
            return RES_ERROR;
        }
    }
```

至此，FATFS 文件系统的移植就完成了。另外在本研究中还涉及一些 FATFS 的常用函数，如 f_mount、f_open、f_write、f_read、f_lseek、f_close 等。这些常用函数不需修改，FATFS 文件系统移植成功后就可以直接与 SD 卡对接。

(3)SD 卡存储图片程序

为了使灌区管理人员方便地查看图片，本设计中将图片以 BMP 位图格式的形式存储到 SD 卡中。BMP 是 Windows 操作系统所支持的主要图像文件之一，其格式简单，适应性强（赵君和王乘，2004）。典型的 BMP 图像文件由文件头、位图信息头、调色板和位图数据 4 部分组成。文件头数据结构中包含 BMP 文件的类型、文件大小和位图起始位置等；位图信息头数据结构中包含 BMP 图像文件的宽、高、压缩方法以及定义颜色等；调色板部分是可以选择的，有些位图要有调色板，而有些位图（如真彩色图）不需要调色板；位图数据记录了位图的每一个像素值，记录顺序为扫描行内从左到右，扫描行之间从下到上。要将图片以 BMP 位图的格式保存到 SD 卡中，只要按照文件格式将图片数据写入即可。首先创建 BMP 文件，将文件头信息写入，再将 OV7670 采集的数据信息写入。SD 卡保存 BMP 图像文件流程如图 6-14 所示。

其中，创建的 BMP 文件名 file_name 同时记录了采集时间，其格式为年、月、日、时、分、秒、星期，时钟采用 STM32F103RBT6 微处理器自带的 RTC 时钟。

(4)GPRS 无线传输模块发送彩信程序

GPRS 无线传输模块采用上海龙兰新电子 SH-LLXDZ 开发制作的 Quectel M 20 彩信模块，通过串口发送 AT 指令可实现图片数据的传输，编程简单、方便。本设计中利用 STM 32 的串口 3 与 M 20 进行通信，串口 3 接收到上传文件信息命令后，M 20 返回“CONNECT”作为应答信号，然后开始将 SD 卡中的图片解码发送到串口 3。传送过程中，为了防止数据丢失，在程序中加入一定的延时。

图 6-15 为数据上传到串口 3 流程图。

本节完成了灌区图像采集与无线传输终端的软件程序编写，主要包括 CMOS 摄像头采集图像、FATFS 文件系统的移植、SD 卡存储图像、GPRS 无线传输模块发送彩信等程序，实现了灌区图像的定时采集，并以年、月、日、时、分、秒、星期的格式保存到 SD 卡中，最终通过 GPRS 无线传输模块发送到目标用户手机的功能。

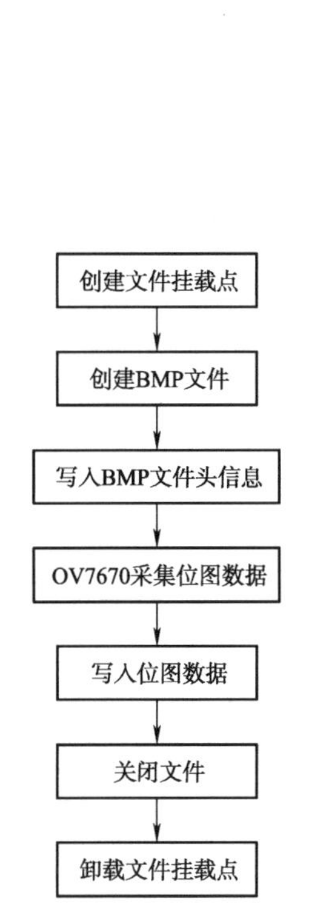

图 6-14　SD 卡保存 BMP 图像文件流程

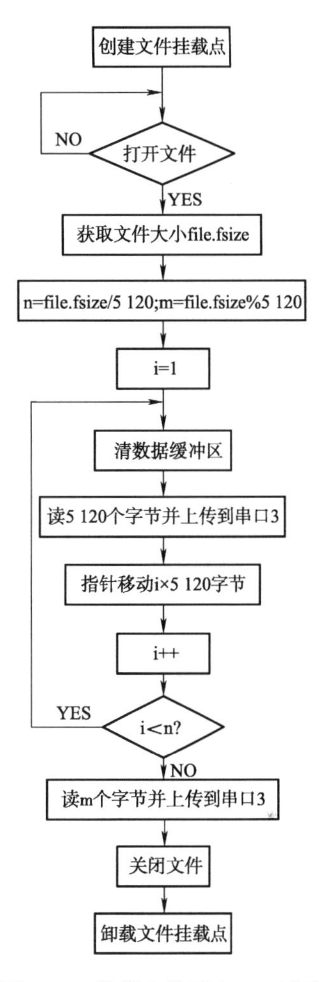

图 6-15　数据上传到串口 3 流程

6.2　实践应用

综合调试是系统设计中必须要进行的步骤，在完成了灌区图像采集与无线传输终端的硬件电路设计和软件编程之后，接下来就要对整个系统进行综合调试。本章将对整个监测终端在硬件设计、软件编程及调试过程中遇到的问题做以阐述，并通过整体测试对本文所设计的灌区图像采集与无线传输终端的性能特点进行分析。

6.2.1　灌区监测终端硬件设计思路及调试

本章在确定了灌区监测终端需要实现的功能之后，系统地分析了整个监测终端所需要的各种功能模块，权衡了可实现需求功能的不同类型器件的性价比，最终选择出了适用于本研究的硬件模块及各元器件，并进行电路搭建，进而完成了系统的硬件电路设计。

为了保证系统能够正常运行，首先要对系统的硬件进行检查与调试，现将调试中具体操作表述如下：

(1)电路搭建时，需对各个模块进行详细设计，并反复推敲，确认无误后导入PCB文件中进行PCB板的设计。为了避免PCB板制作完成后出现难以弥补的错误，在PCB设计时更应反复检查各个元件的连线及元件布局，力求做到元件布局合理，连线正确，无漏线、断线等现象。

(2)硬件检查。PCB板制好以后，在焊接元器件之前，首先要参照原理图和PCB板布线图检查电路板的连线是否正确，然后焊接器件；当元器件焊接完成后，要检查器件安装是否正确，并用万用表对各个器件的走线进行检查，确保硬件上没有断线和短路情况的发生。

(3)电源检查。电源是整个电路板的基础，如果电源有问题，轻则系统无法正常工作，重则损坏器件甚至将电路板烧毁。因此在对电路板进行调试时，首先要进行电源检查，在焊接时可以先将电源部分焊好，确保电源电路供电正常后再焊接其他元器件。

(4)各部分电路模块焊接完成后，都可以先用万用表测量供电电压是否正确，还可以用手粗略测量芯片的温度，如果发现不正常发热应及时断电检查。第一代样机设计时，为了保证电源的可靠性，设计了2套电源电路。刚开始电源电路采用TPS 76350作为12V转5V电源芯片时，最为突出的问题是对SD卡供电电源驱动力不足，使得SD卡不能正常运行，更换了电源方案后，该问题得到解决。第二代样机在第一代的基础上，精简了部分电路，更换部分芯片为贴片封装且加入了OV7670摄像头的插座。两种样机的实物分别如图6-16、图6-17所示。

图6-16　第一代样机实物

图 6-17　第二代样机实物

6.2.2　灌区监测终端软件编程及调试

在灌区监测终端的硬件模块设计制作完成之后，接下来就要进行软件编程和调试了。软件编程环境采用 Real View MDK，该软件档库中保存有大量芯片的启动代码文件，只需选择相应的微处理器型号即可自动配置芯片的启动代码，编程相对方便。灌区监测终端的软件编程主要包括 OV7670 采集图像、FATFS 文件系统的移植、SD 卡保存图片和 M 20 发送图片。为了使程序易于读懂、方便调试，程序设计中采用模块化的编程思想，分块编写程序并进行逐步调试。主要分为以下几个步骤：

(1)OV7670 采集图像

利用 STM 32 驱动 OV7670 摄像头，首先要对 OV7670 进行一系列相关设置，如初始化、读寄存器、写寄存器等，为了验证 OV7670 采集的图片信息的正确性，先用开发板调试，将 OV7670 采集的图像以视频的形式显示在液晶屏上，图片信息无误后，STM 32 驱动 OV7670 采集图像程序成功。

(2)FATFS 文件系统的移植

系统中要用 SD 卡保存图片信息，为了使保存到 SD 卡中的图片数据信息能被 PC 机正常识别和读取，首先要建立 PC 机与 SD 卡之间通用的文件系统。在本步调试过程中，先编写简单的 SD 卡内文件复制程序，当程序对多种类型的文件都可以完成卡内复制时，证明 FATFS 文件系统移植成功。

(3)SD 卡保存图片

在(1)和(2)的基础上，调试 SD 卡保存图片程序。需要注意的是，步骤(1)中，屏幕显示配置图像格式为 QVGA，输出格式为 RGB 565，而保存到 SD 卡中时，需要将图像格式配置为QCIF，且输出格式须为RGB 555。为了方便记录和日后查看，保存到SD卡中的图片命名方式为年、月、日、时、分、秒、星期的格式，这就需要加入实时时钟。本研究中利用STM 32自带的系统时钟RTC，实现了图片的特定格式命名。

(4)M 20发送图片

图片保存实现后，接下来就要编写发送图片程序。本设计中是将无线传输模块M 20与STM 32的串口3相连接来进行通信的。M 20的编程较为简单，只要发送相应的AT指令即可。此部分难点是如何将保存到SD卡中的图片数据上传到串口，程序设计中是通过分次上传数据来实现，每次上传5 120个字节，直至数据传输完为止。为了方便调试，在将SD卡中的图片数据发送到串口3的同时发送到串口1，串口1与PC机相连接，利用串口调试助手来监测数据传送正确与否。

以上各步骤都成功实现以后，将各部分整合到一块，编译成一个完整的程序进行调试，可以通过设置断点、单步执行、查看寄存器和变量值等来跟踪调试程序。Real View MDK强大的硬件模拟功能也为调试带来了很大方便。通过软件仿真，可以查看很多硬件相关的寄存器，方便检查程序存在的问题，从而避免了频繁刷机，延长了STM 32的FLASH寿命。

当然仅仅使用软件仿真是难以检验整个系统的硬件设计性能的，本研究中主要采用的是硬件仿真调试方式，在程序编译完成后，通过JTAG仿真器将代码下载到STM 32的FALSH中。

6.2.3 灌区监测终端整体测试

整体测试是把集成的计算机软件、硬件设备、外部网络等全部要素结合起来，针对系统各结构和功能按照不同组装方案确认测试，其目的是将已实现完成的产品与系统的需求分析做对比，查找所开发的产品和用户需求存在差异的地方，从而继续对系统设计方案进行完善。灌区监测终端的最终目的是将摄像头采集的图片信息保存到SD卡中，并以彩信的形式发送给目标用户手机。受无线传输模块M 20发送彩信时对图片的限制，本设计中的图片分辨率不是很高，仅为176×144，虽然对于监测灌区基础设施来说，此分辨率能够满足要求，但在分辨率方面还是有待于提高。经试验测试，本研究设计的灌区图像采集与无线传输终端运行稳定，能可靠地实现灌区图像信息的采集、存储和无线发送。在数据传输时间方面，从图片采集到完成一条彩信发送大约需要5～6min，对于信息监测无须太频繁的灌区来说可以满足要求。在功耗方面，整个系统消耗的最大电流为35mA，采用12V 7.2AH蓄电池供电的可以正常工作200多h。

第7章 基于Unity 3D的渠首三维可视化系统设计

7.1 设计方案

虚拟现实(virtual reality,VR)技术是发展到一定水平的计算机技术与思维科学相结合的产物,使用户可以用自然方式与虚拟环境交互。虚拟的场景融合无线传感器网络感知的数据,直观的灌区水资源时空信息将给灌区水资源管理、调配和决策带来质的飞跃。本章将从三维可视化系统的需求出发,采用3DMAX对渠首闸、引水渠道以及附近农田等相关对象进行建模。然后,将建好的模型导入Unity 3D引擎中,通过脚本与形成的数据库建立连接,使用感知数据驱动虚拟场景运动。

7.1.1 系统总体设计框架

基于Unity 3D的渠首三维可视化系统主要涵盖两大部分内容,一是渠首三维场景,包括渠首闸、引水渠道、建筑物以及附近农田树木等。二是渠首三维可视化系统功能,包括场景漫游、闸门量水、土壤墒情可视化和信息查询4个功能模块。系统的总体设计框架如图7-1所示。

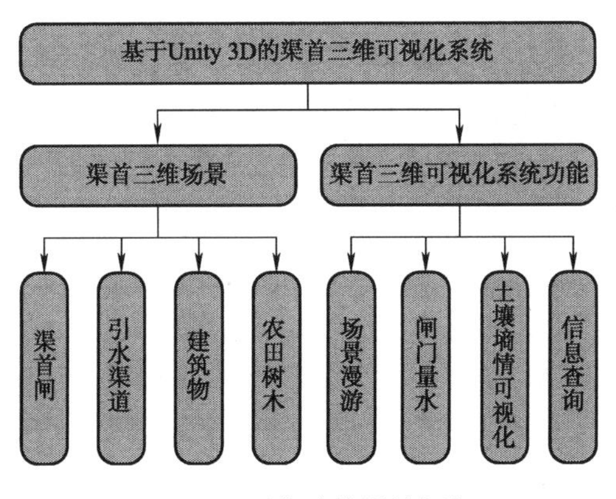

图7-1 系统总体设计框架

7.1.2 渠首三维场景构建

渠首三维场景构建可以对渠首附近地形、渠首闸、引水渠道及地物对象进行真三维表达、浏览和可视化管理，不仅能提高灌区信息化管理水平，同时也能作为信息载体，对感知信息进行可视化表达。

要实现渠首三维场景构建，首先要对渠首地形地貌以及各种地物包括建筑物、道路、植被等进行建模；其次对模型进行贴图，采集地形及各种地物对象外观数据，制作纹理贴图；最后对三维模型进行管理和渲染，按照空间位置对模型进行管理，并添加周围环境元素，在计算机设备上完成渲染显示。

7.1.3 渠首三维可视化系统的功能

在渠首三维场景构建的基础上，采用 Unity 3D 引擎集成所建模型，实现总体架构中提到的渠首三维可视化系统的五大功能。下面对系统功能做详细介绍：

(1)场景漫游

由于所选场景面积小，地形高程变化不明显，故采用 Unity 3D 提供的地形编辑工具实现地形。然后，将 3D Max 建立的渠首闸、渠道、管理局、展览馆等模型按照 FBX 格式导出，并导入 Unity 工程资源中。最后，按照实际位置放置模型，设置灯光，配合 Unity 3D 标准资源提供的第一人称或第三人称实现场景的自由漫游浏览。

(2)闸门量水

首先，通过布置在闸门上下游、闸门及闸门后侧的无线采集终端获取闸门上游水位、闸门下游水位、闸门底部水位、闸门平板开度、渠道泥沙淤积厚度、闸门开度和温度等信息。然后，采用温度对声速进行补偿处理，根据采集回的渠道淤积泥沙厚度和渠道自身几何尺寸，修改闸门量水建筑物参数，减少泥沙淤积对闸门量水的影响。最后，计算闸门过水流量。根据修正后的闸门上游水位、闸门下游水位、闸门底部水位和闸门平板开度信息，判断闸门水流流态，计算过水流量。

(3)土壤墒情可视化

将三维场景与无线传感器网络采集的 3 个土层深度的土壤墒情融合，通过数据驱动贴图，动态展示土壤需水情况。同时，可分层浏览土壤墒情或在某个断面浏览不同深度土壤墒情，以了解某个层土壤需水情况。

(4)信息查询

信息查询主要针对灌区主要对象，主要包括点击查询和属性查询。对于点击查询来说，用户可通过鼠标点击感兴趣对象，该对象将被调整到屏幕中间，并在数据库中找到对应属性描述，显示在屏幕上。属性查询是对内容进行检索，查到的对象将显示在屏幕中间，并将数据库中的详细描述也显示在屏幕上。

7.2 实践应用

本节重点对系统开发与应用进行研究分析。

7.2.1 地形建模

选取渠首面积为 250m×250m 的区域，对覆盖区域范围内的对象进行建模，主要包括人民胜利渠渠首闸、渠首分局、渠首纪念馆和渠首展览馆等。

由于所选区域面积小，地形高程变化不明显，故通过 Unity 3D 自带地形制作工具构造地形。然后，通过绘制纹理工具对地形做简单处理，添加树木、花草以及设置地面不同颜色，效果如图 7-2 所示。

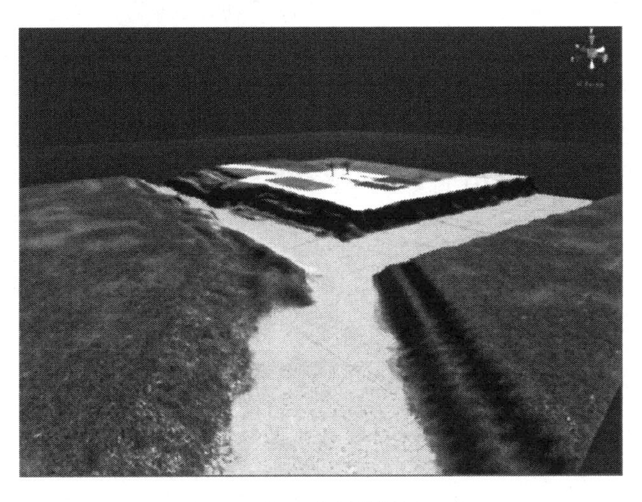

图 7-2　人民胜利渠渠首地形

7.2.2 建筑物建模

3D Max 作为主流的建模软件，可以高效制作十分精细的模型。在模型的构建过程中，为了真实地还原建筑物的原貌，用到了车削、倒角、放样、布尔运算、挤出、镜像、可编辑多边形、NURBS 曲线等多种技术手段。下面将结合图片，简要介绍各个建筑物建模过程。

7.2.2.1 人民胜利渠渠首闸

渠首闸构建采用的比例为 50∶1。由于没有工程设计图纸，只能根据现场拍摄的建筑图片建模，因而在造型方面要仿制得尽可能逼真，图 7-3 展示了闸墩和闸门模型。

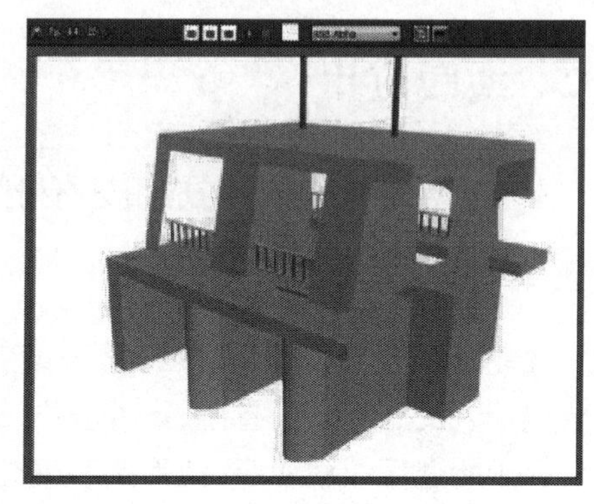

图 7-3　闸墩和闸门模型

由于渠首闸的结构在左右方向上是对称的，所以在构建模型时，利用其对称性可以减少一半的工作量。当然这并不是绝对的，当利用镜像做出另一半时，也需要花费一些时间来处理接缝等。

在模型建好后，导出 FBX 文件，然后将构建的人民胜利渠渠首闸模型导入 Unity 3D 引擎中，并添加水面和天空，最终效果如图 7-4 所示。

图 7-4　人民胜利渠渠首闸效果

7.2.2.2　渠首分局与纪念馆

渠首分局的模型比较简单，在顶视图中建立矩形，通过添加编辑样条线修改器，选择顶点选项，在顶视图点鼠标右键选择细化，添加一部分顶点到要修改的地方，然后选择分段选项，删除用不到的样条线。再选择样条线选项，设置其轮廓为 3。最后添加挤出修改器，设置挤出数量为 100，再通过布尔运算，留出放置窗户和门的位置，制作过程如图 7-5 所示。

图 7-5　墙面制作

采用相同的方法，将构建好的渠首分局模型和周边物体模型放置到 Unity 3D 中，并为场景添加天空盒，最终效果如图 7-6 所示。

图 7-6　渠首分局效果图

渠首纪念馆和渠首展览馆的三维模型建立不详细叙述，构建好后将模型导入 Unity 3D 中，最终效果分别如图 7-7 和图 7-8 所示。

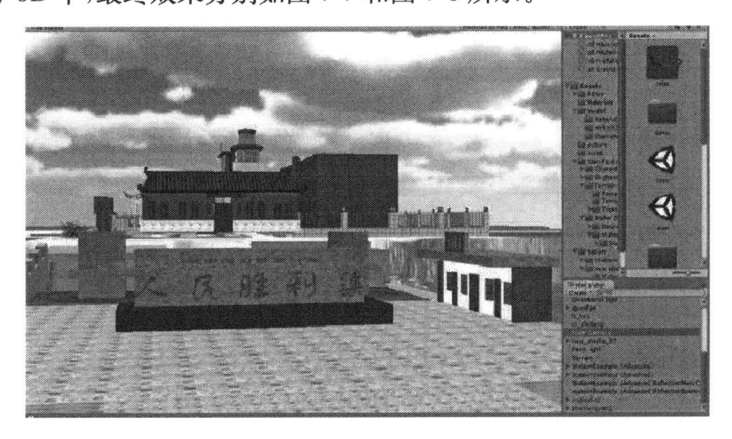

图 7-7　渠首纪念馆效果图

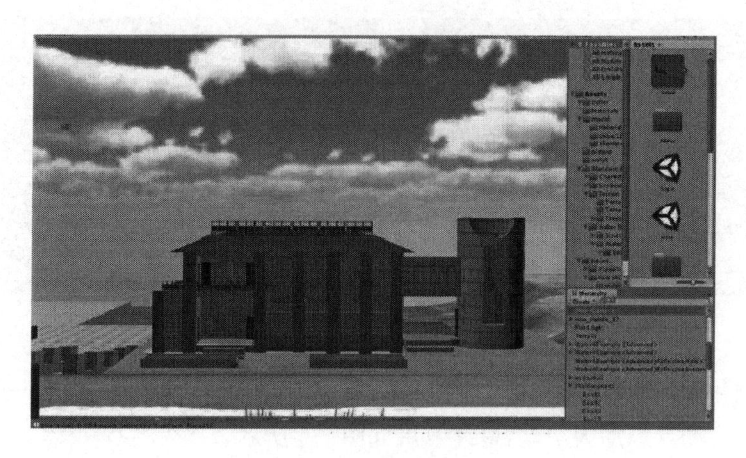

图 7-8　渠首展览馆效果图

7.2.3　三维可视化系统功能开发

7.2.3.1　场景漫游

场景漫游是系统具有的基本功能。首先将摄像机的移动方向与键盘绑定，浏览视角与鼠标绑定。然后，通过键盘控制移动方向，鼠标控制浏览视角，实现三维场景自由漫游浏览。

自由漫游移动的关键代码如下：

```
Function update( )
{
    If( Input. GetKey( KeyCode. W) )；//按下 W 键
  {
    Transform. Translate(0，0，speed * Time * deltaTime )；//控制摄像机向前移动
  }
}
```

由于 Unity 3D 提供 Character Controller 资源，可用第一人称或第三人称漫游场景。因此可通过按键操作，切换不同浏览方式，具体如下：创建一个空的控件，命名为 eyes，将其作为子物体附加给 3rd Person Controller。然后为此创建一个 Camera，并将脚本赋给 3rd Person Controller。为了使切换到第一人称时能拥有垂直方向的视角，还要将 Mouse Look 脚本附加给 eyes 控件，并限制 X 轴方向的运动。

```
//创建一个物体 cam01
private var cam01:GameObject;
function Start () {
//获取场景中名为 eyes 的部件
```

```
        cam01=GameObject. Find("eyes");
    }
      function Update ()
    {
        if(Input. GetKeyDown(KeyCode. E))
         {
          //按下Q键,将eyes暴露出来,当前摄像机将自动从Main Camera切换到第三
            人称的Camera上
            cam01. gameObject. SetActiveRecursively(true);
         }
          else if(Input. GetKeyDown(KeyCode. Q))
         {
      //若E键按下,将eyes设置为隐藏,同时附加在它上面的子物体也将隐藏,即
      Camera隐藏。场景中的Main Camera自动跟随第三人称移动
            cam01. gameObject. SetActiveRecursively(false);
         }
    }
```

7.2.3.2 数据库访问

无论是感知数据与三维场景的融合,还是人景交互提示信息均需要进行数据库访问。系统采用MySQL数据库存储模型基本信息和无线传感器网络感知数据。在连接过程中,需要使用MySql. Data. MySqlClient和MySql. Data命名空间,下面给出了采用C#脚本与MySQL建立连接的过程。

```
public static MySqlConnection dbConnection;
//如果只是在本地的话,写localhost就可以。如果是局域网,那么写上本机的局域
网IP
static string host = "localhost";
static string id = "root";
static string pwd = "123456";
static string database = "sdd";
  public static void OpenSql()
  {
     try
     {
         string connectionString=string. Format("Server={0};port={4};Database=
         {1};User ID={2};Password={3};",host,database,id,pwd,"3306");
         dbConnection = new MySqlConnection(connectionString);
         dbConnection. Open();
     }catch (Exception e)
     {
```

```
        throw new Exception("服务器连接失败,请重新检查是否打开 MySql 服务。" + e.Message.ToString());

    }

}
```

7.2.3.3 平板闸门量水

图 7-9 为过闸水流流态判断流程图。将获取到的测量数据与闸门自身几何尺寸相结合,修正闸门量水建筑物参数,减小泥沙淤积对闸门量水的影响。对采集到的闸门上游水位 H、闸门开度 e、收缩断面水深 h_c 和闸门下游水位 h_t 进行修正,得到新的闸门上游水位 H'、闸门开度 e'、收缩断面水深 h_c' 和闸门下游水位 h'_t。依照闸门量水参数规范,对采集数据进行校正,用修正过的数据进行流态判别,如果 $e'/H'>0.65$ 则属于平底坎堰流,否则判断 $h_c''-h_t>0$ 是否成立,若成立则属于平板闸孔自由流,若不成立则属于平板闸孔淹没流。最后,根据判定的过闸水流流态,按照水力学流量公式进行计算,得出闸门过水流量。

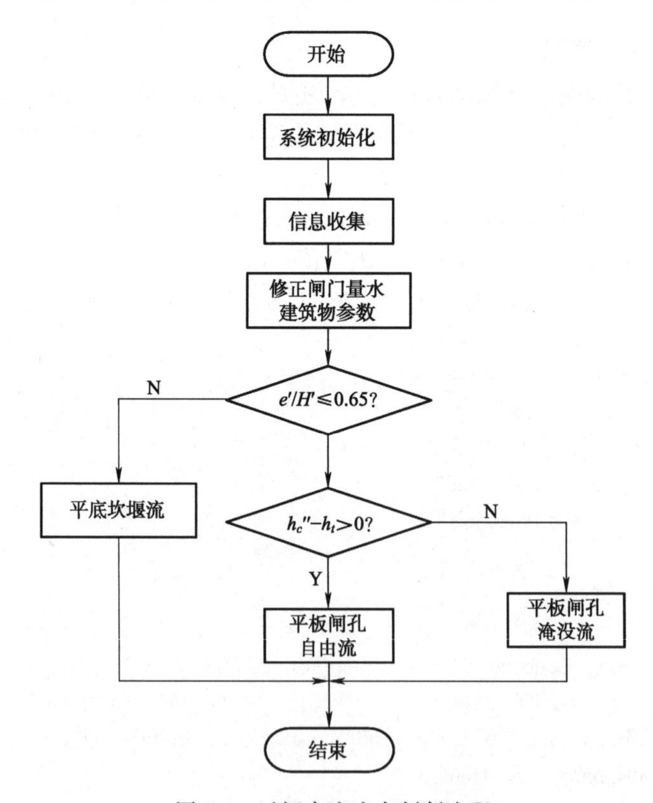

图 7-9 过闸水流流态判断流程

注：收缩断面的跃后共轭水深为 $h''_c=\frac{h_c}{2}(\sqrt{1+8F_{\pi}^2}-1)$

其中
$$F_{\pi}=2\varphi^2\times(H-h_c)/h_c$$
$$h_c=e\varepsilon$$
$$\varepsilon=0.615\,9-0.034\,3\frac{\varepsilon}{H}+0.192\,3\left(\frac{e}{H}\right)^2$$

式中，h_c 为收缩断面水深，F_{π}^2 为收缩断面的佛氏数，ε 为垂向收缩系数。

7.2.3.4　土壤墒情可视化

通过不同颜色来表示土壤含水情况，最终形成如图 7-10 所示的效果，拉动滑动条或自动播放可更改时间以了解不同时间段土壤墒情的情况。具体实现方法为采用 Unity 3D 中的粒子系统，通过 1 000×1 000×1 000 个粒子组成一个立方体，然后设置粒子颜色，达到土壤墒情可视化的目的。

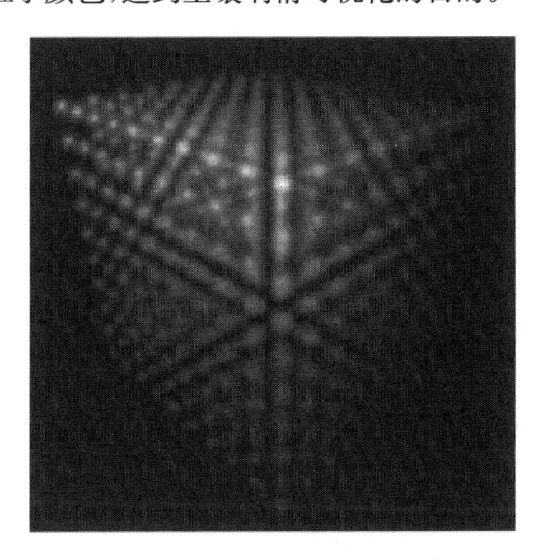

图 7-10　土壤墒情可视化效果图

7.2.3.5　信息查询

在点击查询模式下，用户可通过鼠标点击感兴趣的模型。每个建筑物对象都有与之相关联的关键字信息，系统通过这些关键字信息在数据库中提取符合要求的记录，并返回结果。用户在查询对象不明确的情况的时候，可直接通过在属性查询窗口中输入对象名称进行查询。

7.2.4　三维可视化系统展示

启动应用程序后，首先来到登录界面，如图 7-11 所示。若已经注册过，则可直接输入用户名和密码即可点击登录，进入场景漫游。若未注册，则可点击注册按钮，进行注册。注册用户分管理员和普通用户两种类型，填写完成后可点击提交。

图 7-11　系统登录界面

登录进入后，首先看到的是整个场景的顶视图，如图 7-12 所示。从顶视图中可以清楚看到整个场景的所有对象的平面分布情况。然后通过点击左侧的四个按钮可以进入到系统不同功能界面，包括场景漫游、闸门量水、土壤墒情可视化以及信息查询。

图 7-12　整个场景顶视图

首先点击场景漫游，来到渠首场景漫游。在此功能下，可以通过 Q 键切换视图方式，对场景进行浏览，如图 7-13 所示。

点击闸门量水，在右侧会出现一个闸门量水弹出框，如图 7-14 所示，便可计算平板闸门过水流量。

图 7-13　第一人称场景漫游效果图

图 7-14　闸门量水功能界面

为达到灌区水资源时空信息可视化的目的，本章基于 Unity 3D 的渠道三维可视化系统采用 3D Max 软件对人民胜利渠渠首相关地物模型进行了建模，并将模型导入 Unity 3D 中集中管理。然后，连接构建的数据库，实现了人民胜利渠渠首场景漫游、闸门量水、土壤墒情可视化和信息查询等功能。

PART 3 | 第三部分

案例实证篇

第8章　大型灌区水文生态系统动态监测系统设计与实现——陕西省泾惠渠灌区

8.1　简介

8.1.1　自然地理概况

8.1.1.1　地理位置

泾惠渠灌区位于陕西省关中平原中北部，北依黄土台塬和仲山，泾、渭和石川河三面环绕，内有清峪河横贯，地处108°34'34"E—109°21'35"E、34°25'20"N—34°41'40"N，东西长约70km，南北最宽约20km，总面积约1 180km²。灌区有干渠5条，支渠20条，斗渠527条，蓄水水库两座，配套机井1.4万眼，抽水站22处，装机1 824kW，渠系成网、机井众多，是一个引蓄提相结合、地表水与地下水综合利用的大(Ⅱ)型灌区，为一典型的北方半干旱地区大型灌区。

行政区域包括咸阳、西安、渭南三市的泾阳、三原、高陵和富平四县以及临潼和阎良两区。设计灌溉面积968.67km²，有效灌溉面积879.33km²。灌区曾以2.4%耕地，生产出了5.7%的粮食，灌区土壤肥沃，交通便利，是重要的粮、油、肉、蛋、棉等农产品基地。

8.1.1.2　地形地貌

泾惠渠灌区地势总体由西北向东南倾斜，海拔高程为350～450m，地面坡降1/300～1/600。由于受到区域地质构造的控制，整个灌区在地形地貌上呈现出“台塬-阶地”型，即二级黄土台塬、一级黄土台塬和泾渭河冲积阶地。

8.1.1.3　地质概况

泾惠渠灌区在地质构造上属鄂尔多斯台向斜南缘渭河断陷盆地的中段北侧，是新生代以来的构造下陷区，为第四纪沉积物所覆盖。灌区内第四系地层发育，沉积厚度及岩相变化是自西向东、由北向南，厚度递增，颗粒由粗变细。

(1)第四系全新统冲积层，岩性为亚沙土、沙质黏土、粗沙、沙卵石。分布于近代河漫滩及一级阶地上部。

(2)第四系全新统冲积层,主要由沙质黏土、亚沙土、粉细沙、沙砾石组成。分布于泾河二级阶地上。

(3)第四系上更新统风积层,由新黄土、夹1～2层古土壤组成。分布于渭河二级阶地、泾河三级阶地上部。

(4)第四系上更新统冲积层,岩性为亚沙土及沙质黏土夹沙层,底部有少量卵石,分布于渭河二级阶地、泾河三级阶地下部。

(5)第四系中更新统洪积层,岩性为棕红色黏土、亚黏土夹半胶结的沙、沙砾石互层,分布于各级阶地下部。

(6)第四系中更新统风积层,岩性为老黄土,夹10～18层古土壤,分布于黄土台塬下部。

(7)第四系下更新统洪积层湖积层,岩性为深棕灰色黏土夹沙,沙卵石透镜体,沉积厚度大,分布于黄土台塬及河谷阶地的最下部。

8.1.1.4 水文气象

泾惠渠灌区属于大陆性半干旱气候区,冬夏长,春秋短,夏季炎热,冬季寒冷,多年平均降水量为535mm,年最大降水量为813.9mm(1954年),年最小降水量为320.6mm(1977年),降水量时空分布极不均匀,夏季7～9月的降水量占到年降水总量的50%～60%。一般年份,小麦生长期降水量为220mm,玉米生长期降水量为303mm。多年平均蒸发量为1 212mm,光照条件较好,年日照时数达2 200h,年均气温13.4℃,年均最高气温为15.1℃,年均最低气温为8℃,极端最高气温为42℃(1966年6月21日),最低气温为-24℃(1955年1月10日)。无霜期长,达232d之多。无大风天气,极端最大风力达9级,平均风速为1.8m/s。

泾惠渠灌区主要地表水资源有泾河。泾河发源于宁夏泾源县的老龙潭,流经宁夏和甘肃后进入陕西,在高陵区境内汇入渭河,是渭河第一大支流,干流全长455km,流域面积为4.55×104km^2,其中泾惠渠取水渠首以上流域面积4.31×104km^2。泾河属于雨水式河流,洪水比较集中,暴涨暴落,泥沙含量大,多年平均径流量17.4×108m^3,其中,汛期7—9月三个月约占63%,据张家山水文站60年来所观测资料记载,泾河最大洪峰流量为9 200m^3/s(1933年8月8日),最小枯水流量为0.7m^3/s(1954年6月29日),常流量为15～20m^3/s,泾河年均输沙量为2.65×108t,最高含沙量为1 040kg/m^3。剔除高含沙和超过渠首引水能力而不能引用的水量,一般年份可引用水量8.2×108m^3,占总泾河径流量的44.2%。近10年来泾河平均径流量减少到9.6×108m^3,减少四成多,可引量也随之大幅减少。

灌区东南部有渭河,以渭河为灌区的东南边界;灌区东部有石川河,以石川河为灌区的东边界;灌区内还有清峪河横贯。

8.1.2　水文地质概况

8.1.2.1　地下水类型及分布

泾惠渠灌区区内地下水类型主要有潜水和承压水，承压水又有浅层承压水和深层承压水之分。

(1)潜水

灌区潜水分布广泛，且埋藏浅，容易开采，是灌区主要的地下水资源。在泾河和渭河的河漫滩以及一、二级阶地区域，埋深较浅，一般在2～10m之间；在清峪河和泾河的两侧区域、阶地与黄土台塬的交替区域，埋藏较深，约为10～20m，不过其分布面积较小；在渭河二级阶地和泾河三级阶地区域，埋藏深，约为20～40m。21世纪以来，由于灌区大规模、大面积开采地下水用以农田灌溉，致使地下水水位持续大幅度下降。

(2)承压水

承压水埋藏较深，一般在100m以下。在泾惠渠建成初期没有进行开采用于农田灌溉，但是近年来，由于大规模开采利用地下水，致使潜水位大幅度下降，因而，承压水也开始被开采用于农田灌溉。

8.1.2.2　潜水流向及水力坡降

(1)流向

灌区内潜水的流向总体上是由西北向东南方向流，如图8-1所示，这基本跟地形保持一致，但受地貌、地形、河流切割、开采程度等多因素的影响，流向在不同区域亦有所变化，例如上游泾河一、二级阶地区域近于南北流向；中游二级阶地区域为北西-南东或近于东西流向；清峪河北部以南部局部范围为北西-南东及南西-北东流向；局部区域，由于受开采程度影响，潜水由四周向漏斗中心方向流动。

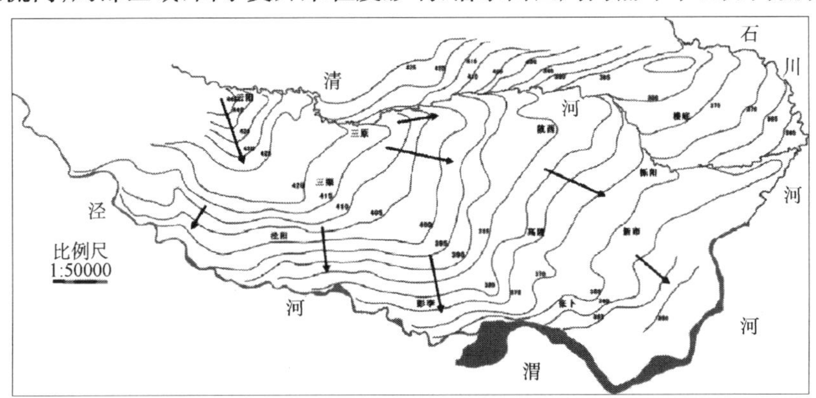

图8-1　泾惠渠灌区2001年地下水等水位线图

(2)水力坡降

清峪河以南地带水力坡降在1.74‰～4.71‰，由西到东逐渐递减；清峪河以北地带在2.30‰～6.78‰，总体趋势与地面坡度变化基本保持一致。

8.1.2.3 潜水补给、排泄及径流

(1)补给条件

灌区内潜水的主要补给源有两类：一是大气降水的垂向入渗补给；二是灌溉渠系及田间的入渗补给(包括井灌回归)。其次还有水平方向的侧向补给和沿河岸边的河水渗入补给。

①大气降水垂向渗入补给。大气降水对潜水的补给强度与降水量、降水强度、地层岩性及结构、地貌单元以及潜水位埋深等众多因素有密切的关系。灌区内多年平均降水量为535mm，而且年内分布极不均，汛期7—9月三个月的降水量占年降水量的50%～65%，因此，降水入渗补给强度也与降水量的分布规律基本一致。

由于潜水水位埋深一般较浅，降水对潜水的补给比较明显且迅速，滞后时间短，特别是汛期集中降雨期，对潜水补给量较大，大气降水对潜水的集中补给期一般多分布在汛期7—9月。

在其他条件大体相同的情况下，大气降水对潜水补给量的多少与潜水位埋深关系紧密。因为大气降水首先经过饱气带并补充其水分的不足，使其达到最大持水率后，多余的水分在重力作用下垂向下渗至潜水位，补给潜水。因此，当潜水位埋深较大时，上部土壤空隙所能持蓄的水量多，相应下渗量则小，反之则大。

由于灌区表层岩性相变差异较小，大气降水入渗及入渗速率主要随潜水位埋深增大而减小。据有关资料分析表明，大气降水入渗补给系数(α)与潜水位埋深(Δ)呈曲线变化关系。一般当Δ≤2～3m时，α随Δ的减小变化比率增大；当Δ>2～3m时，α随Δ的增大而逐渐减小。

②灌溉水的入渗补给。灌区农业灌溉历史悠久，渠系众多，各级渠道总长度达3 757.0km，其中干渠长59.384km，已衬砌77.28%；支渠长299.87km，已衬砌19.5%；斗、分渠长3 397.7km，已衬砌13.5%。渠系水的利用系数一般在0.5～0.6。

各级渠系在长期输水过程中，会发生不同程度的渗漏，这直接补给潜水。灌区在开灌之前，潜水位埋藏较深(一般平均在15～30m)，自1933年泾惠渠建成引水以来，潜水位急剧上升，20世纪70年代以来，即使在地下水被大量开采的情况下，由于灌溉水入渗补给量大，通过调节使潜水位动态变化基本上处于平衡状态，丰水年份和丰水期，潜水位还呈现上升趋势。

农业灌溉基本上还是以渠、井大水漫灌为主，因此，灌水定额一般偏高，大于作物需水量，因而，灌溉入渗仍然是潜水补给的重要来源。即使在干旱年份和枯水季节，潜水也能得到相当数量的灌溉入渗补给，就年度来看，一般灌溉水对潜水的补给以冬、春灌为多，其间降水量虽偏少，对潜水的补给量甚微，但潜水位仍然呈上升趋势，水位上升是灌溉入渗补给的结果，也就成为年高水位期。

(2)径流、排泄条件

灌区位于泾河以东、关中平原东部西界，由于地质、地形、地貌和水文地质条件等差异以及人类活动的影响，潜水径流条件既与关中平原西部有所差异，又不同于关中平原东部。灌区北部边界为黄土台塬，主要分布着泾渭河流阶地，潜水径流方向主要受深切河谷等地形控制，灌区中部偏北区域，清峪河由三原县城西北部流入呈近东西走向发育至灌区东部边界汇入石川河，清峪河谷下切深度西部深(约 40m 左右)大，越向下游下切深度越浅，到下游入石川河处仅有 20 多 m 深。河谷下切基本均切穿至潜水位以下，成为清峪河南北两侧局部范围(300～600m)潜水排泄的通道，且以浸润溢出为主要排泄方式。灌区内上游水力坡降较大(3.92‰～6‰)，入渗路径短，且地层颗粒粗、透水性强，潜水径流条件通畅；到下游区域水力坡降较平缓(1.25‰～2.5‰)，入渗路径长，且地层颗粒变细、透水性也比上游区域弱，潜水径流、循环交替作用比上游区域差。由于农田灌溉、开采等因素的影响，使潜水循环、交替作用加强，这表现在 20 世纪 70 年代后期潜水位下降和水质变化。

潜水排泄途径可以分为垂直排泄和水平排泄两类：

①垂向蒸散发排泄。灌区内除渭河二级、泾河三级阶地区域潜水位埋深较深外，绝大部分区域，潜水位埋深都较浅，垂向蒸散发作用较强烈，为潜水自然排泄的途径。据分析，年均潜水蒸散发强度为 0.194 7～0.314 3mm/d，蒸散发系数(C)为 0.071 1～0.102 9。

②人工开采。灌区自 20 世纪 70 年代开始，随着机井的建设，地下水开采量逐年增大，并在近十几年来，地下水开采基本都是超采，地下水位持续下降，因此，地下水开采已成为灌区地下水最主要的排泄途径。

③水平排泄。潜水以地下径流方式分别向泾河、渭河和清峪河排泄，仅在灌区中下游沿泾渭河河岸边界地带，汛期河水较高时期，河水才对潜水产生短暂的补给且其量甚微。由于灌区内潜水近年来开采程度高，特别是灌季集中开采期，潜水位下降幅度较大，在开采期潜水径流量有相当部分被开采利用，因此，灌区内潜水以垂向排泄为主，水平排泄为辅。

8.1.2.4　地下水动态

(1)地下水位埋深

灌区 1932 年建成通水以前，地下水水位埋深大部分区域都在 15～30m，局部区域，如泾渭河河滩地，地下水水位埋深在10m以内。到1949年，由于大水漫灌、有灌无排，地下水水位迅速上升，1932—1944年上升了8～16m，年均上升0.7～1.4m；1944—1954年上升了2～8m，年均上升0.3～1.0m。地下水水位上升区域主要在灌区中部，而且逐步形成了部分区域沼泽化和盐渍化现象。自20世纪60年代开始，灌区普遍增加机井，提取地下水，配合渠道灌溉，取得了显著效果。1954—1956年地下水水位年均上升0.3～0.5m，1957—1959年年均上升1.0m。灌区1954—1990年36年地下水水位埋深不同变化区间所占面积百分比趋势如图8-2所示。从图中可看出，灌区地下水水位埋深＜1.0m区间的面积所占比例甚小，因此不同年份间的变化趋势很不明显；地下水水位埋深在1～2m区间和2～3m区间的面积所占比例最大，分别达38.8%和35.9%，分别在1963年和1964年。两个不同水位埋深区间的变化趋势基本一致，1954—1963年呈上升趋势，1966—1972年保持相对平稳，其后的20年间经历了"下降-上升-下降"的变化趋势；地下水水位埋深＞3m区间的面积变化很大，1956年后面积逐年减少，至1963年达到了低谷。其间由于引泾灌溉，沼泽化和盐渍化的面积在不断扩大。1963年后，由于地下水开采量增加，地下水水位下降区域的面积不断增大。但1976—1980年，由于周期性气候连续干旱，降水量偏少，加之地下水的大量开采，补给小于排泄，地下水水位急剧下降，地下水位埋深＞3m区间的面积急剧增加。

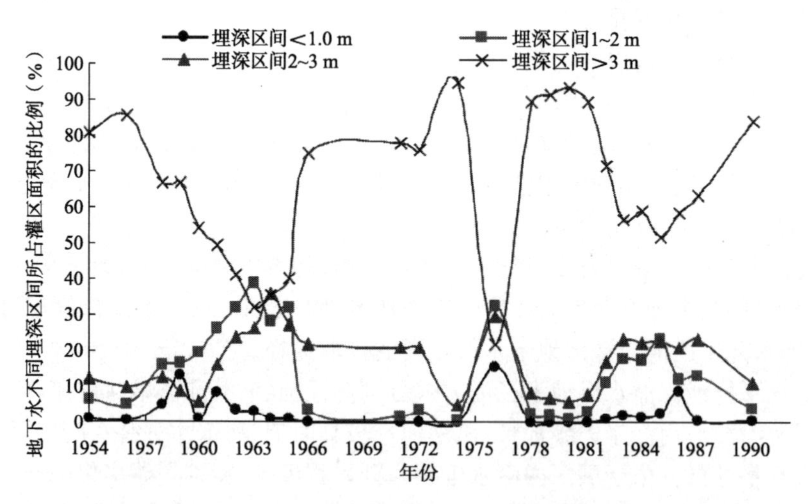

图8-2　泾惠渠灌区1954—1990年地下水水位埋深不同变化区间所占面积比例

至20世纪80年代，特别是1991年以来，灌区地下水开采量迅速增大，地下水位随之急剧下降，图8-3描述了灌区近20年来地下水水位平均埋深变化。进入21世纪以来，地下水水位下降趋势不但没得到有效的遏制，反而愈演愈烈，灌区地下水水位埋深大多处于 15～20m，据观测资料显示，张卜地区地下水水位埋深达 40 多 m。由于地下水水位迅速下降，导致的灌区水文生态问题日显突现。

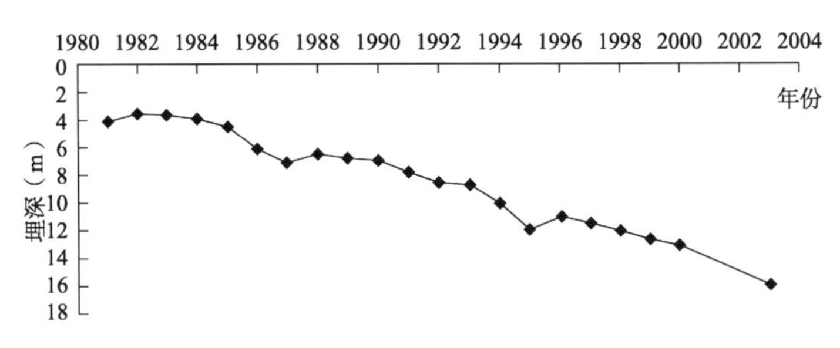

图 8-3　泾惠渠灌区地下水水位平均埋深历年变化趋势

(2)潜水位年内变化及动态类型分析

灌区年内潜水位变化主要受农田灌溉、降水量、开采量等因素影响。在 20 世纪 90 年代以前，灌区潜水水位年内动态变化呈较显著的双峰型：高地下水水位期一般出现在 3 月下旬至 4 月中旬，低地下水水位期一般出现在 8 月中下旬。动态成因类型主要分为农田灌溉入渗型、降水入渗型、降水灌溉入渗综合型和开采型等。冬灌和春灌早期(4 月中旬前)，气温较低、蒸散发作用小，渠灌水量一般能满足农作物需水，因而地下水开采量小，潜水水位持续上升，成为高水位时期。水位升幅是农田灌溉入渗水补给所致，因此可称为灌溉入渗型。夏灌期间气温高，蒸散发作用也强烈，农作物耗水量大，渠灌水量远满足不了农作物需水量，成为地下水集中开采期，开采量大，消耗量大于补给量，水位持续下降，成为低水位时期。水位降幅是开采、蒸散发所致，为开采型。秋灌期为灌区内雨季，雨量多而集中，作物耗水量相应减小，渠灌轮期短灌水量小，潜水水位由开采后的动水位回升到接受大量降水入渗补给和灌溉入渗补给，其间潜水位的升幅主要是由动水位恢复、降水入渗补给或降水灌溉入渗综合补给作用所致。

而 21 世纪以来，上述这种波峰与波谷交替呈现的潜水水位年内动态变化发生了明显的变化，如图 8-4 所示，从图中可以看出，潜水水位在 5 月前一直保持较高，无显著波峰存在，6 月之后水位迅速下降，至 9 月达最低值，然后缓慢回升，但并不能恢复至年初水平。这是由于近年来，引泾水资源日益减少，农田灌溉大量开采地下水，使得灌区“渠灌为主、井灌为辅、渠井互补”的良性发展局面遭到了空前严重的破坏，造成地下水采补平衡，地下水水位持续下降。

(3)潜水位多年动态变化规律分析

据对灌区近 70 年地下水水位动态数据资料分析，可将灌区潜水水位的多年动态变化分为 9 个时期：①较强上升期(1932—1954 年)。农田大水漫灌是这一时期潜水水位上升的主要因素。灌区简称初期有灌无排，补给量大于消耗量。

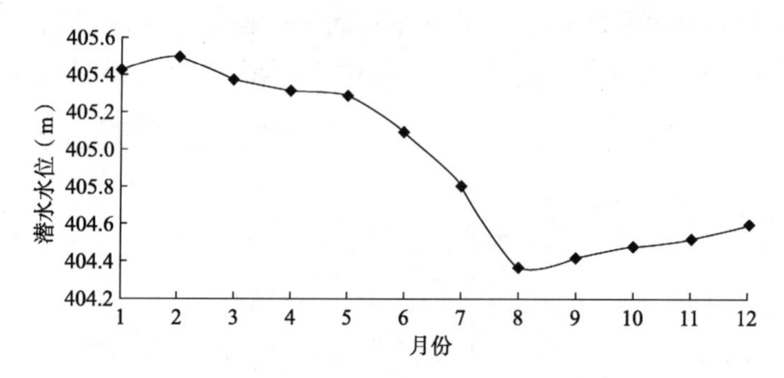

图 8-4　泾惠渠灌区 2001 年典型观测井年内水位变化

②上升下降交替稳定期(1954—1956 年)。随后灌区修建了排水系统,灌排结合,排水效益佳,潜水水位上升得到了抑制。③较强上升期(1956—1959 年)。农田灌溉及降雨水增大,使得潜水含水层补给量大增,致使潜水水位快速上升。④弱下降弱上升交替稳定期(1959—1976 年)。在总的补给量相对基本稳定的情况下,随着地下水开采量的逐年增大,对潜水水位起到调节作用。⑤较强下降期(1976—1980 年)。其间,由于周期性的连续气候干旱,降水量偏少,加之地下水大量被开采,致使补给量小于排泄量,潜水水位大幅度下降;⑥强上升期(1980—1981 年)。其间,受气候影响,降水量剧增,致使潜水水位在后期急剧上升(年均上升 1.50m 左右)。⑦弱下降期(1981—1985 年)。其间,渠首引水量减少,地下水过量开采,造成潜水水位缓慢下降。⑧相对稳定、略有下降期(1986—1993 年)。其间,降水量偏少,渠首引水量也有所降低,地下水开采略有增加,使得潜水水位在基本稳定中略有下降。⑨强下降期(1993—2001 年)。其间,渠首引泾水量大幅度减少,地下水开采量大增,长期采大于补,出现大量被疏干的情况,因而呈现出强下降状态。图 8-5 反映了泾惠渠灌区潜水水位年际变化情况。

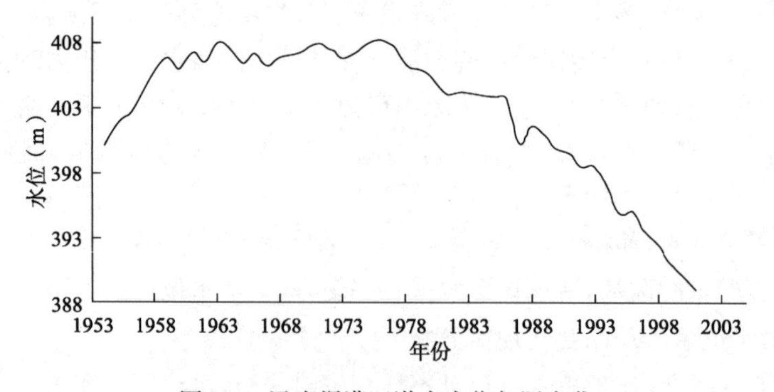

图 8-5　泾惠渠灌区潜水水位年际变化

8.1.2.5　地下水动态成因分析

地下水水位动态是众多因素综合影响的结果，众多影像因素最终通过对地下水的补给、径流和排泄条件的影响而影响地下水水位动态。其中，最重要的影响因素是大气降水量、农田地表水灌溉量和地下水开量。

(1)大气降水量对地下水水位动态的影响分析

图8-6反映了灌区年降水量的变化情况。

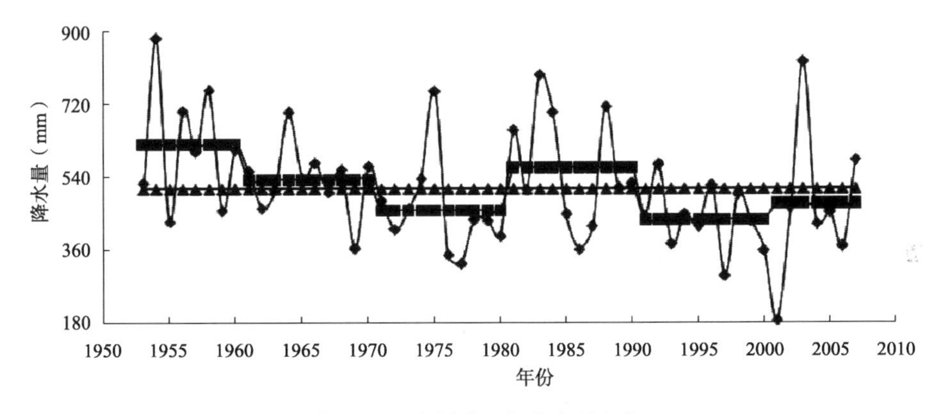

图8-6　泾惠渠灌区年降水量变化

从图8-6中可以看出，1990年以来，灌区年降水量比多年平均值将近减少了50mm。降水量的减少，使得灌区地表水源泾河径流量减小，据文献研究，泾河多年平均径流量由20世纪40年代的$22\times108m^3$降到80年代的$18.73\times108m^3$，到90年代锐减到$11.42\times108m^3$，仅为40年代的一半左右。降水量的减少，不但使可引的地表水资源量日益减少，而且也使得地下水补给量锐减，同时灌区农业用水量相应增加，地下水开采量增大，最终导致灌区地下水水位持续下降。

(2)灌溉地表引水量锐减，灌溉入渗补给大幅减少

泾惠渠灌区是北方半干旱区典型的渠井双灌灌区，灌区农业发达，农业用水量占总用水量的90％多，农田灌溉对灌区地下水的影响十分强烈。然而，自20世纪90年代以来，由于灌区地表水源泾河径流量的大幅减少(表8-1)，多年平均灌溉地表水资源量也迅速减少。如图8-7所示，20世纪80年代以前，灌区引泾灌溉水量超过$5\times108m^3$/年，而进入90年代只有$1.5\times108m^3$/年，减少了70％以上。由于引泾灌溉水量的大幅度减少，灌溉入渗补给量也随之减少，加之农业生产的日益扩大，导致不得不加大对地下水的开采量，由此形成了恶性循环。

表 8-1　泾河张家山水文站不同年代实测径流量对比

时段	1940—1949 年	1950—1959 年	1960—1969 年	1970—1979 年	1980—1989 年	1990—1999 年
均值（$\times10^8m^3$）	22.00	17.45	22.00	18.33	18.73	11.42
变化率（%）	16.03	7.94	16.03	−3.30	−1.17	−39.7

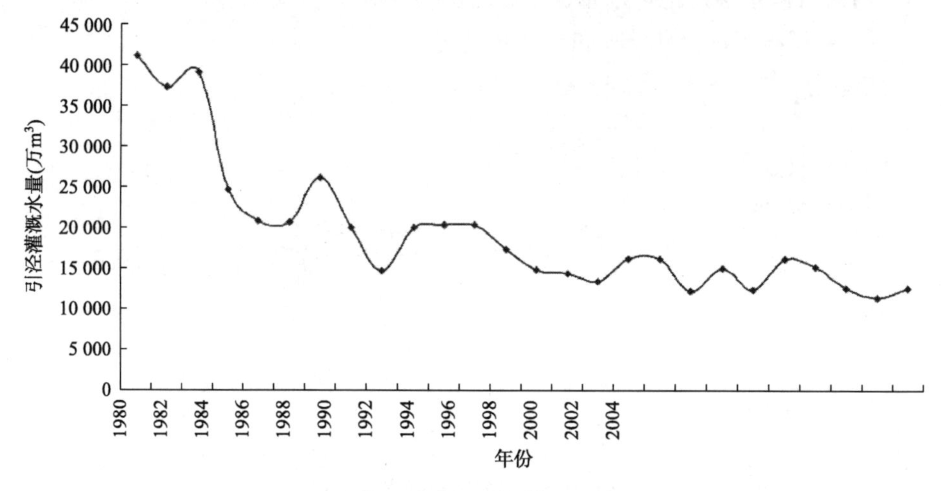

图 8-7　不同时期引泾灌溉水量对比

(3)地下水开采量不断增大、采补失衡

20 世纪 90 年代以来，为了促进灌区社会经济快速发展，保证粮食生产，在降水量和引泾灌溉水量锐减情况下，以增大地下水开采量来保证灌区日益增大的用水量。前已述及，加之作为地下水主要补给源的大气降水和引泾灌溉水量的大幅锐减，地下水开采量的剧增和补给水量日益萎缩直接导致了灌区地下水水位持续下降。灌区地下水各年开采量变化情况如图 8-8 所示。

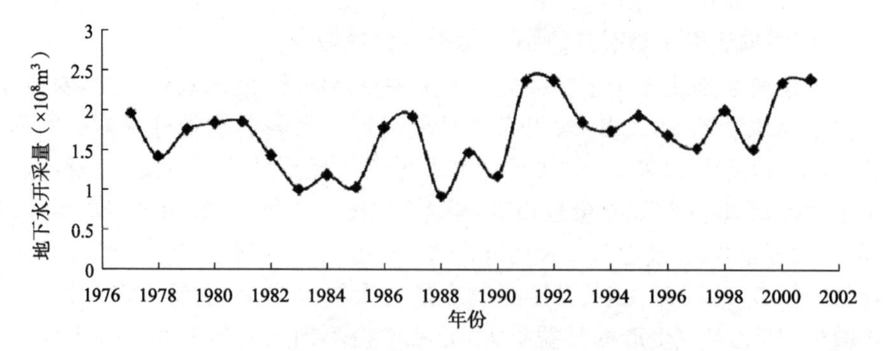

图 8-8　泾惠渠灌区地下水各年开采量变化

8.1.3 主要水文生态问题

泾惠渠灌区在20世纪80年代初期及以前，灌区地表、地下水资源都较为丰富，工农业污染很轻，水质良好，1980年引泾灌溉水量达 $4\times10^8 m^3$，地下水开采量不到 $2\times10^8 m^3$，而年补给量达 $3.346\times10^8 m^3$，排泄量为 $3.311\times10^8 m^3$，平均埋深为4.1m，而且水质较好，灌区水文生态处于良好状态。自20世纪90年代以来，随着灌区社会经济的迅速发展和人口的增长，工农业生产和居民生活等用水量的急剧增长，加之区域降水量减少(据文献研究表明，灌区20世纪90年代平均降水量比80年代减少了20%)、地表水资源泾河水量锐减以及灌区水价制度和管理体制的不尽完善，灌区机井数量盲目扩大，大范围大量开采地下水，造成地下水严重超采，地下水位大幅度下降，降落漏斗不断形成且面积不断扩大，灌区"渠灌为主、井灌为辅、渠井互补"的良性发展局面遭到了空前严重的破坏。据分析灌区1985—1997年的地下水动态观察数据资料表明：泾惠渠灌区地下水位年下降幅度大于50cm的面积超过 $410km^2$，下降范围西起咸阳市泾阳县王桥镇、中张乡一带，东至西安市临潼区的雨金、北田一带，南到咸阳市泾阳县县城、永乐镇、西安市高陵区姬家乡、张卜乡一带，北达咸阳市泾阳县石桥、云阳、三原县鲁桥镇、独李镇、栎阳乡一带。下降区内形成了2个地下水降落大漏斗，一个是三原县鲁桥镇降落大漏斗，1997年降落漏斗面积达 $7.98km^2$，降落漏斗中心地下水埋深累计下降了26.48m；另一个是西安市高陵区东南的张卜降落大漏斗，降落漏斗面积达 $8km^2$，漏斗中心地下水埋深累计下降了11.08m，据观测资料显示，2003年该区地下水埋深达到40多米，灌区地下水平均埋深也达到了15.92m。

同时，由于地下水水位大面积、大幅度持续下降，建于20世纪70年代的机井大多出现吊空、掉泵、塌陷、涌沙等现象，90%以上的机井已经报废停用，新建机井越来越深，深度达50～200m。近年来机井数量的盲目扩大和地下水的无序超量开采，破坏了灌区"三水"平衡关系，在灌区一些区域产生了地面沉降、地裂缝等严重的地质灾害现象；同时，灌区原来布设的一些地下水监测井也部分被毁坏，严重影响了灌区地下水的日常监测和科研工作。

8.1.4 社会经济概况

8.1.4.1 社会经济现状

泾惠渠灌区辖咸阳市的泾阳县、三原县，西安市的高陵区、临潼区、阎良区和渭南市的富平县四县两区，48个乡镇，602个行政村，总人口120多万人，其中农业人口101多万人。耕地面积 $912.67km^2$，人均耕地1.38亩。2005年国内生产总值达105.96亿元，其中第一、第二产业占了总GDP的90%。区内水利条件发达，粮食亩产平均560kg左右，总产量为6.94×105t，以仅占陕西省2.4%的耕地却生产出全省5.8%的优质商品粮，为陕西省重要的瓜果、蔬菜、奶蛋等农副产品生产基地之一，为陕西经济和社会发展做出巨大贡献。

8.1.4.2 土地利用情况

灌区现有土地面积1 180km^2，其中农业耕地用地面积为912.67km^2，其他用地面积为267.33km^2。灌区设计灌溉面积为968.67km^2，有效灌溉面积为879.33km^2，其中自流灌溉面积为740.13km^2，抽水灌溉面积为99.20km^2，渠井双灌面积为733.33km^2。

8.2 系统设计与应用

泾惠渠灌区灌溉用水主要是泾河地表水资源，辅以灌区地下水资源。灌区地下水主要靠降水、泾河水和灌溉下渗补给。然而，由于多年来泾河上游水源区不合理的人类活动，以及全球气候变化的影响，近年来泾河径流量锐减，而且季节性分布很不均匀，使得灌区渠道引水量远远满足不了农业灌溉的需求；同时灌区60多年的地下水开发历史，加之随着灌区社会经济的不断发展，开采量逐年增大，使得灌区地下水水位持续下降，到2003年灌区平均地下水位埋深已达16m，在降落漏斗区最深可达40m，在部分地区已经造成了地陷、地裂缝等地质灾害，严重影响了灌区农业生产。同时由于多年化肥、农药的大量使用，使得地下水受到了不同程度的污染。

因此，针对泾惠渠灌区出现的水文生态问题，迫切需要及时准确地掌握灌区地下水水位、地下水水质、土壤水分、地表水径流量、地表水水质、渠系水流量、气象数据等主要水文生态因子，为灌区水资源的合理开发、科学调节和管理提供科学依据，提高水资源综合利用效率。然而，泾惠渠灌区地下水水位、土壤水分、渠系流量、河流径流量、气象数据等水文生态参数的监测仍然停留在人工观测的阶段，这不但监测精度低，而且很难做到实时监测。随着社会的不断发展，计算机技术、网络技术、智能传感器技术、移动通信技术的发展正给社会带来了深刻的变化，使得实时准确地掌握水文生态因子成为可能，因此迫切需要建立一套技术先进、操作简单、安全可靠的泾惠渠灌区主要水文生态因子自动化动态监测系统，来实时监测泾惠渠灌区地下水水位、土壤水分、渠系流量、河流径流量、气象数据等主要水文生态因子，为灌区可持续发展奠定技术基础。

8.2.1　系统总体设计

8.2.1.1　系统设计原则

泾惠渠灌区主要水文生态因子自动化动态监测系统是“提高大型灌区水资源综合利用效率，促进社会主义新农村建设”项目的主要内容，要为灌区社会经济的长远可持续发展做基础数据监测、分析、共享等服务，按照系统工程的设计思想，为了使系统设计满足科学化、合理化及经济化的要求，需在研究、规划、设计、开发、建设的各个过程中都要始终遵循以下原则：

(1)先进性原则

泾惠渠灌区主要水文生态因子自动化动态监测系统要为灌区社会经济的长远可持续发展服务，所以首先要保证所采用的体系架构、通信模式、开发模式、开发方法、数据模型、开发平台以及数据平台等处于相关技术领域的领先地位；其次，通过决策支持、专家系统、知识系统的引入，使系统在应用上更上一个层次，更好地为泾惠渠灌区农业生产、灌溉预报、水资源科学调度管理服务，推动水资源和社会经济的可持续发展。

(2)实用性原则

泾惠渠灌区主要水文生态因子自动化动态监测系统是为泾惠渠灌区地下水水位、土壤水分、渠系流量、河流径流量、气象数据等主要水文生态因子的实时监测、分析、模拟等研究提供有效辅助决策的。因而，系统的设计力求简洁、实用，能够解决泾惠渠灌区水文生态系统综合研究的实际需要。并且，作为系统的基础功能，应为用户提供必要的数据转换、存储、管理、查询、检索、显示、三维可视化等功能服务。

(3)标准化、规范化原则

要求数据采集符合规范化、数据存储符合结构化、信息格式符合标准化，从而使数据信息横向、纵向一致，满足数据信息共享的要求。系统数据库结构、数据表结构、数据格式等的设计及代码，遵循国家及部门的有关标准、规范。

(4)可扩充性原则

系统的体系结构应该是开放式的，随着系统应用范围和深度的不断扩大和深入，系统在功能上应能够进行灵活地扩充。系统可扩充性原则主要基于下面两方面的技术来保证：其一，基于系统开发模式，即采用模块化的开发模式来保证，系统以模块化的方式来构建，以保证系统功能方便扩展；其二，基于数据库系统的无缝集成。

(5)开放兼容性原则

系统数据信息的输入输出应与其他相关系统具有良好的兼容性，符合国际标准以及相关的行业标准，能够支持数据共享。

(6)界面友好性原则

系统界面是用户与系统对话的窗口，系统的各项功能通过用户界面的操作来完成，因此，系统应为最终用户提供与 Microsoft Windows 风格协调一致的、可定制的、友好的、易学习易用交互界面。

8.2.1.2 系统主要功能

泾惠渠灌区主要水文生态因子自动化动态监测系统是集智能传感器技术、现代无线通信技术、数据库技术、计算机技术于一体的信息实时采集、存储、处理系统，它应具有以下一些主要功能。

(1)监测站参数设置

系统能够对监测站的传感器、GPRS 数据终端、数据采集控制等设备进行波特率、传感器地址等参数的远程设置功能。

(2)数据监测采集

系统能够以多种方式实现对地下水水位、土壤水分、渠系流量等水文生态参数的远程无线实时监测采集。系统可通过定时采集、手动随时采集、超限采集并报警等多种方式监测采集数据，并实时刷新监控数据。

(3)时钟同步

系统能够实现监测中心与监测站设备时钟校对，保持系统内各监测站的时钟同步。

(4)数据存储、组织与管理

系统能够自动完成采集数据的合理性检查、纠错等处理，并按照水文生态空间数据库规范写进数据库进行存储、组织管理，满足泾惠渠灌区管理及研究的需要。

(5)数据的检索与查询

系统监测采集的数据采用 SQL Server 2000 存储，能够实现多层次、多形式的检索查询。可以按照时间、站点、数据范围等进行查询检索。

(6)监测周期设置功能

系统可以按照需要设置各监测站的监测周期，可以将所有监测站定义为统一的监测周期，也可以为各监测站定义不同的监测周期。

(7)报表输出打印功能

系统可以按照一定的格式要求打印输出统计报表。

(8)数据发布

系统可以按照 Web 数据发布的格式要求发布水文生态数据，供授权单位和个人共享，达到信息共享之目的。

(9)人工数据维护

系统提供人工数据的维护功能，包括数据修改、插补、删除和人工输入等处理，如系统可以将按照 Excel 模板存储的历史数据进行导入操作。

(10)安全功能

系统通过角色、用户、密码等安全防范功能来保障系统安全运行。

8.2.1.3 系统性能要求

系统的性能要求如下：

(1)定时采集地下水水位、土壤水分、河渠流量等水文生态参数信息，采集周期符合标准，满足泾惠渠灌区水文生态系统动态监测的需要。

(2)定时或定量向监测信息中心传送数据，定时的时间间隔可以由用户根据需要自己设定，定量中的数据量上下限也可以设定。

(3)系统现场能储存一个月内所采集的信息记录，并具有数据预处理、增量累加及优化存储功能，监测信息中心可长期永久保存监测采集的原始数据以及加工整理后的数据。

(4)数据传送和对命令的反应时延小于 3s。

(5)在正常维护条件下，所有设备的平均无故障运行时间(MTBF)≥25 000h。

(6)传感器应选用高可靠性的设备。

(7)所有集成电路均采用工业级 CMOS 电路，所有传感器信号输入接口均采用光电隔离，能有效地防止各种破坏性干扰。

(8)有各种故障判断和合理性判别的功能，如各种接口设备、传感器故障判断，意外程序走飞判断等，同时可以存储最近 3 次故障的原因和故障发生的时间。

(9)具有超限自动报警功能，如当水分、水位、温度等超越设定的上下限时，自动发送报警信息。

(10)具有上电复位、定时复位和控制复位功能。

8.2.1.4 系统总体结构

从总体结构来看，泾惠渠灌区主要水文生态因子自动化动态监测系统主要由三大部分组成：远端监测站、无线数据传输网络和监测信息中心，系统总体结构如图 8-9 所示。

(1)远端监测站主要由 4 个部分构成，即数据采集传感器、数据采集控制器、GPRS 无线数据终端及太阳能供电设备等。数据采集传感器主要完成地下水水位、土壤水分、河渠水位流量等水文生态参数的采集，数据采集控制器对传感器的输出信号(电流、电压、数字信号)进行 A/D 处理和存储，同时通过 RS 232 串口与 GPRS 无线数据终端进行现场通信，GPRS 数据终端再将接收

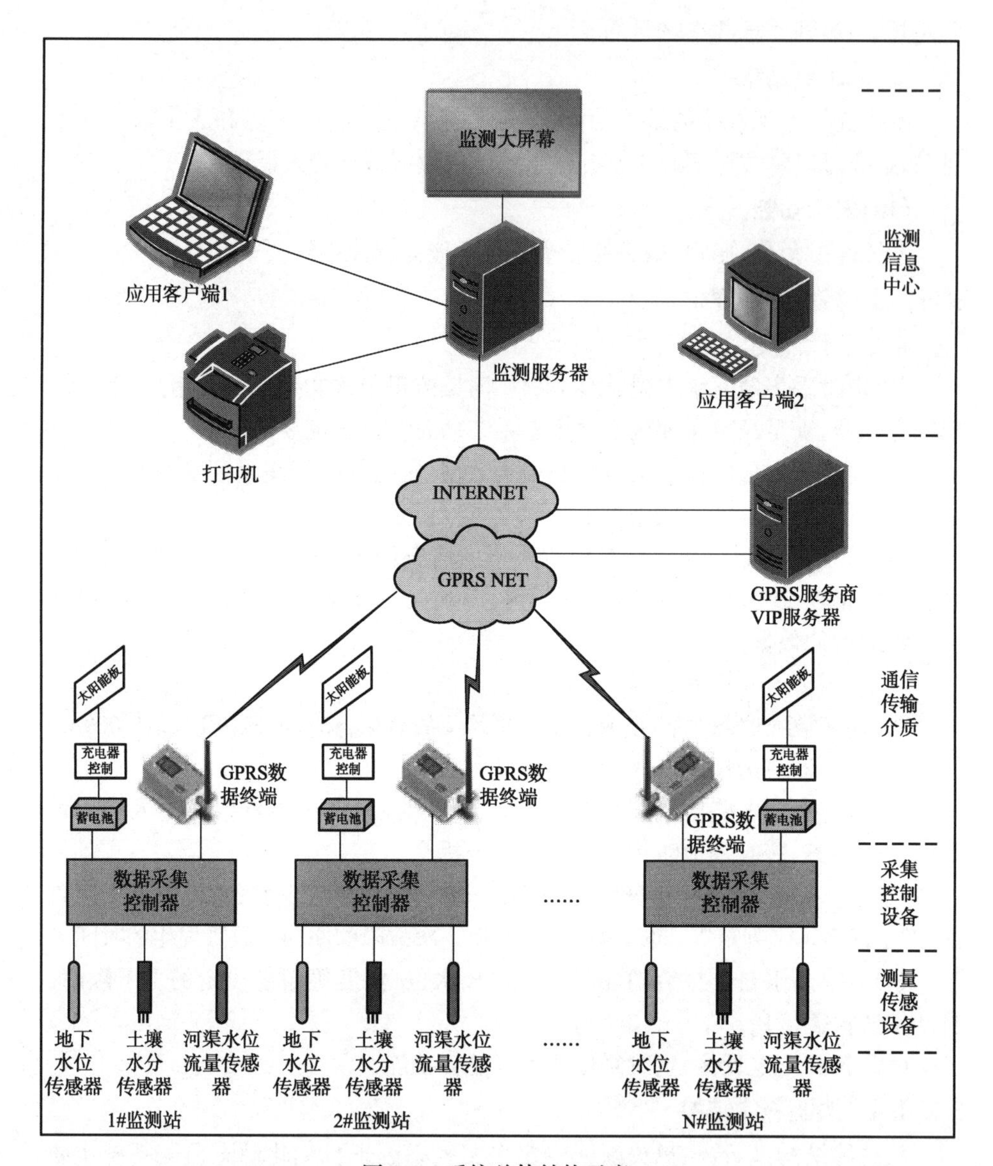

图 8-9　系统总体结构示意

到的数据发送到 GPRS 网络，供监测信息中心接收。监测站现场设备安装情况如图 8-10 所示。

(2)无线数据传输网络主要由 GPRS 无线数据终端、GPRS 网络、Internet 网络、GPRS 服务商 VIP 服务器等组成。主要完成远端监测站与监测信息中心之间的数据传输。其中主要设备 GPRS 无线数据终端采用南京沃龙电子科技有限公司的 AL-GPRS/232/T 型 GPRS 无线数据终端，通信协议支持 TCP/IP 和

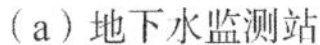
(a) 地下水监测站

(b) 土壤水分监测站

图 8-10　监测站设备安装示意

UDP。监测站数据采集控制器通过 RS 232 接口以有线方式将现场采集的数据传给 GPRS 无线数据终端,GPRS 无线数据终端再将数据通过无线方式打包发送到 GPRS 网络,供监测信息中心接收,监测服务器收到信息后解析信息,及时显示出来,同时以定义好的格式存入数据库。

(3)监测信息中心主要由监测服务器、监测大屏幕、PC 机、监测软件等组成。监测信息中心通过监测服务器上安装的监测软件服务端实时接收、解析、显示、存储数据,并向监测软件各客户端转发数据,监测软件客户端系统管理员可以对各监测站的设备进行参数配置和实施远程控制,其他用户无参数设置和远程控制权限,监测软件客户端所有用户具有对监测数据的查询、报表生成打印、三维显示等主业的分析功能。

8.2.1.5　系统工作原理

首先,监测站的数据采集控制器对传感器的原始信号进行现场处理(包括 A/D 转换后,现场数字显示),同时对采集的数据进行编码后以数据流的形式通过 RS 232 接口将数据传送给 GPRS 无线数据终端,GPRS 无线数据终端将收到的数据发送到 GPRS 网络,后 GPRS 服务商通过主 GPRS 接收设备直接对 GPRS 网络传输的数据包进行接收,并将数据通过 Internet 网络转发给监测信息中心,监测信息中心通过监测软件对数据进行分析、显示、存储等处理。整个数据传输采用全双工方式。系统工作原理如图 8-11 所示。

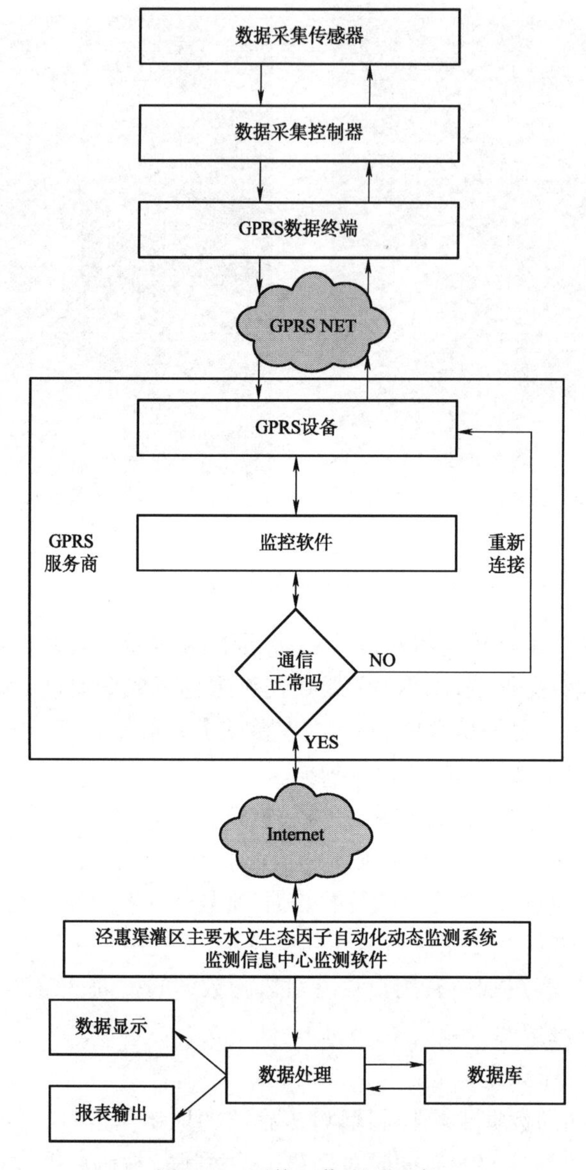

图 8-11　系统工作原理示意

8.2.2　传感器选择及标定

泾惠渠灌区主要水文生态因子自动化动态监测系统的最主要的设备是数据采集传感器，监测精度取决于传感器精度，所以选择可靠、合理、实用、耐用、满足精度要求的传感器至关重要。主要传感器有水位传感器和土壤水分传感器。

8.2.2.1　水位传感器的选择

目前已有多种智能化的水位传感器，如压力式智能水位传感器、浮子式智能水位传感器、超声波智能水位传感器、激光智能水位传感器等类型。

(1)压力式水位传感器

压力式水位传感器根据压力与水深成正比关系的静水压力原理，选择压敏元件作为传感器。当传感器固定在水下某一测点时，该测点以上水柱压力高度加上该点高程即可测出水位。压力式水位传感器具有体积小、量程大等特点。

(2)浮子式水位传感器

浮子式水位传感器的原理是用浮子感应水位，浮子漂浮在监测井的自由水面上随水位升降而上下运动，浮子的位置就是水位，再通过电子元器件将浮子的位置转换为模拟量或数字量输出，即可实现自动监测。

(3)超声波智能水位传感器

超声波智能水位传感器将电子技术和声学技术融合在一起，利用声波以一稳定的速度在均匀介质中传播，当遇到不同介质界面时产生反射的特性，间接进行水位的测量。超声波智能水位传感器通过换能器，将具有一定宽度、功率和频率的电脉冲信号转换成同频声脉冲波信号，定向向水面发射，当声波从空气到达水面后就被反射回来，其中一部分被返回的超声能量被换能器接收再转换成微弱的电信号，计量发射至接收相应反射波之间的时间间隔，再根据超声波的传播速度，即可计算传感器与水面间的距离，从而可计算得到水位。

(4)激光智能水位传感器

激光智能水位传感器把电子技术与光学技术结合在一起，利用光波以一稳定的速度在空气介质中传播，当遇到不透光介质时产生漫反射的特性，进行水位测量。激光智能水位传感器的测量原理与超声波智能水位传感器的测量相同，测量激光发射点至反射面之间的光波传播时间，再由光速和传播时间，即可计算发射点至反射面之间的距离，从而可计算得到水位。

本书研究需要监测的是泾惠渠灌区地下水水位，通过上述各类型水位传感器的介绍论述可知，压力式水位传感器可适合于监测井水位测量，又具有安装方便，不受外部环境影响的特点，因此可选择投入式静水压力传感器。

国内外众多厂家生产投入式静水压力传感器，各厂家生产的产品各有优缺点，总体来说国外的产品精度高、寿命长、稳定性好，但价格相对也较贵，国内产品精度相对低一点，但价格相对便宜，本书在研究过程中经过大量的市场调研，最终选择了业界知名品牌香港上润生产的 WIDEPLUS_CT 型投入式静水压力传感器。

8.2.2.2　土壤水分传感器的选择

在土壤水分测量上，目前主要采用铝盒烘干称重、中子水分计、张力计和时域反射仪、频域发射仪等测量方法。这些方法虽然都可以实现土壤水分的测量，但原理、特性各有不同。按照测量原理，土壤水分监测仪器可分成以下几种类型：

(1)时域反射型仪器(TDR)

TDR型土壤水分测量仪器是近年来研发的测量土壤含水率(体积含水量)的重要仪器，它是利用土壤中水与其他介质介电常存在差异的原理，采用时域反射测试技术而研究开发出的快速测量土壤含水率的仪器，具有便捷、快速并能连续监测土壤含水率的优点。

TDR型土壤水分测量仪器的主体是1个装有探针的密封探头，测量时探针要完全插入土壤，测量输出信号通过有线电缆输出，有模拟信号输出和数字信号输出(RS 232或RS 484接口)选择，可以接无线传输设备，也可以手持测量。图8-12是TDR型产品示意。

图8-12　TDR型土壤水分测量产品示意

TDR型土壤水分测量仪器具有以下一些特点：

①测量精度高。理论上TDR型土壤水分测量仪器具有测量土壤含水率精度最高的技术。

②受温度影响小。

③可输出4～20mA模拟信号或RS 232的数字信号，容易与数据采集控制器连接，形成自动监测系统。

④体积小、重量轻，单个传感器损坏可更换，运行维护方便。

(2)时域传输型仪器(TDT)

TDT也是根据土壤和水介电常数的差异性来测量土壤含水率的。

TDT型土壤水分测量仪器具有以下一些特点：

①TDT型土壤水分测量仪器工作频率较低，线路简单，成本低。

②典型产品为带状土壤含水率传感器，在部分土质不均匀土壤中具有较大的推广应用潜力。

③可输出4～20mA模拟信号或RS 232的数字信号，容易与数据采集控制器连接，形成自动监测系统。

(3)频域反射型仪器(FDR)

FDR型土壤水分测量仪器的测量原理是插入土壤中的电极与土壤之间形成电容，并与高频振荡器形成回路。通过特殊设计的传输探针产生高频信号，传输探针的阻抗随土壤阻抗的变化而变化，传输探针阻抗变化几乎仅依赖于土壤介电常数的变化，这些变化产生一个电压驻波，驻波随探针周围介质介电常数变化增加或减小由晶体振荡器产生的电压。电压的差值对应于土壤的表观介电常数。

FDR型土壤水分测量仪器具有以下一些特点：

①FDR型土壤水分测量仪器比TDT法结构更简单，测量更方便，比TDR法工作频率低，在测量电路上容易实现，且造价较低。

②FDR法一般工作在20～150MHz的频率范围内，可由多种电路将介电常数的变化转换为直流电压或其他形式的模拟量输出，输出的直流电压信号在广泛的工作范围内与土壤含水率直接相关，且对传输电缆无十分严格的要求；③FDR型土壤水分测量仪器输出一般为直流电压值，容易与数据采集控制器连接实现自动化监测。

(4)中子仪

中子仪是历史悠久的土壤含水率测量仪器。中子水分仪由高能放射性中子源和热中子探测器构成。中子源向土壤中各方向发射能量在0.1～10.0M电子伏特的快中子射线，快中子射线迅速被周围的介质主要是被水中的氢原子减速为慢中子，并在探测器周围形成密度与水分含量相关的慢中子"云球"，散射到探测器的慢中子产生电脉冲且被计数，在指定时间内被计数的慢中子数与土壤的体积含水率相关，中子数越大，土壤含水量越大。

(5)张力计

张力计是测定非饱和土壤张力的仪器。张力计的应用原理类似于植物根系从土壤中抽吸水分的方式，张力计测量的是作物要从土壤中汲取水分所施加的力。

(6)电阻仪

电阻仪常用多孔介质石膏电阻块测量土壤含水率，因其灵敏度低，目前已较少应用。

(7)驻波率型仪器(SWR)

SWR型土壤水分测量仪器的测量原理也是与土壤的介电常数有关，而土壤的介电常数跟土壤的含水量有关。由于空气、干土和水的介电常数存在很大的差异(水的介电常数约为80,干土的介电常数约为4,空气的介电常数约为1),可见,含水土壤的介电常数主要由所含水分决定,因而,通过测量土壤的有效介电常数即可得到土壤的含水率。SWR型土壤水分测量仪器就是基于这一原理设计开发的。SWR型土壤水分测量仪器是由100MHz信号源、一节同轴传输线和一个有4针的不锈钢探头组成。信号源产生无线电波沿着同轴传输线传送到不锈钢探头。由于同轴传输线与不锈钢探头的阻抗不一致,这样一部分的电波信号将被反射回来,在同轴传输线上,入射波和反射波叠加形成驻波,通过测量同轴传输线上的驻波率就可以实现测量土壤含水率的目的。

与TDR法、TDT法和FDR法一样,SWR型土壤水分测量仪器也可输出4～20mA模拟信号或RS 232的数字信号,容易与数据采集控制器连接,形成自动监测系统。传统手工的铝盒烘干测重法尽管也需要一些设备,它只是一种方法,但不属于土壤水分监测仪器的范围。目前铝盒烘干测重法仍然是唯一校验仪器精度的方法。

通过上述各类型土壤水分测量仪器的介绍论述,TDR型、TDT型、FDR型及SWR型土壤水分传感器都能满足泾惠渠灌区土壤水分自动化动态监测的目的,本书在研究过程中得到了中国农业大学孙宇瑞老师和北京林业大学赵燕东老师的大力支持,他们一直从事土壤水分测量和传感器研究,赵燕东老师自主研发的SWR型土壤水分传感器及其数据采集控制器在北京、东北等地得到了大量的应用,并取得了较好的效果,鉴于此,本书选择了北京林业大学赵燕东老师自主研发生产的SWR型土壤水分传感器及其数据采集控制器。图8-13是SWR型土壤传感器产品示意。

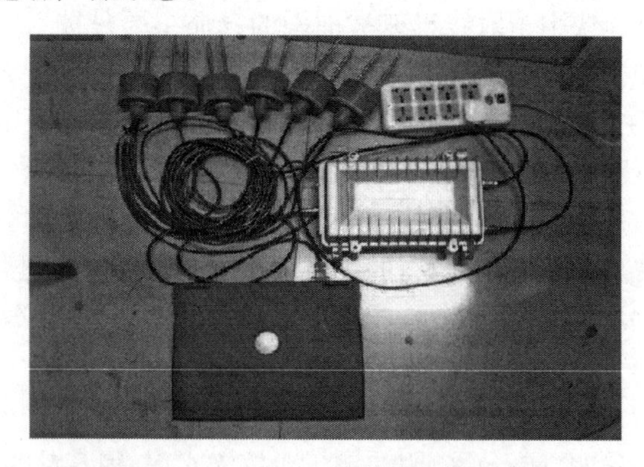

图8-13　SWR型土壤传感器产品示意

8.2.2.3　土壤水分传感器标定

SWR型土壤水分传感器是利用土壤的含水率与土壤的介电常数相关的原

理，通过测定具体土壤的介电常数来计算土壤的体积含水量，而土壤的介电常数与含水率之间关系还因土壤类型的不同有所差异，因此在实际监测前，需要用监测地区的土样对传感器进行标定。

本书所采用的SWR型土壤水分传感器实际测量所得的原始数据是传感器传输线两端电压ΔU，体积含水量需要下面的公式进行计算得到。

$$W=k\times\Delta U-b$$

式中，W为土壤体积含水率（%），ΔU为传输线两端电压U（V），k为参数，b为参数。

传感器标定就是计算监测地区为土样的k、b值。

标定方案：在泾惠渠灌溉试验站取土样，在5个塑料桶中分别装上土，再灌水，然后放置10d左右，让水分充分运动达到均匀，从而得到含水率分别为8.3%、16.2%、22.1%、31.3%、31.5%的均匀土样，并分别标记为1#、2#、3#、4#、5#土样。将泾惠渠灌区所选用的1#、30#、33#、3#、41#、12#传感器分别插入1#、2#、3#、4#、5#土样中，测量传感器的输出电压值，所得结果见表8-2。

表8-2 传感器标定测得的电压值

传感器	1#土样输出电压值(V)	2#土样输出电压值(V)	3#土样输出电压值(V)	4#上样输出电压值(V)	5#土样输电压值(V)
01#	2.77	2.90	2.99	3.14	3.26
30#	2.63	2.79	2.90	3.09	3.24
33#	2.12	2.19	2.22	2.30	2.35
03#	2.71	2.85	2.90	3.07	3.18
41#	2.61	2.79	2.93	3.14	3.31
12#	2.47	2.61	2.71	2.87	3.00

用Mathematica软件经回归计算得到k、b值见表8-3。

表8-3 传感器标定结果

传感器	k值	b值	相关系数
01#	61.85	163.01	0.99
30#	49.62	122.11	0.99
33#	131.55	270.86	0.98
03#	64.38	166.13	0.99
41#	43.15	104.28	1.00
12#	57.18	132.95	0.99

8.2.3 监测软件设计与实现

8.2.3.1 软件架构设计

泾惠渠灌区主要水文生态因子自动化动态监测系统一方面是一个数据实时

采集系统，需要 24h 不间断地运行，同时又是一个多用户系统，不同的用户有不同的业务需求。对于实时数据采集功能来说，必须需要服务器来完成，而对于不同用户的业务功能来说，可在 PC 机上完成。这就要求监测软件采用两层架构来实现，本书采用目前最成熟可靠的 C/S(client/server)架构来实现，服务器端运行于服务器上，主要实现 24h 不间断采集数据、数据存储、数据转发等功能，客户端运行于个人电脑上，主要完成数据查询、统计、报表打印、图件绘制等业务功能。按照逻辑结构来看，整个监测软件可分为数据服务层、业务逻辑层和表示层 3 层，有效提高了系统的安全性和效率。数据服务层用于存储系统所有数据，包括数据库配置信息、实时数据库和历史库数据，提供数据库访问接口，数据服务一般由专门的数据库服务器完成，本系统由于业务量小(本系统专用)，所以由监测服务器(即应用服务器)来完成；业务逻辑层用于通信连接、实时数据监测服务、访问数据服务层，从数据层读取和存储数据，主要由数据采集、数据处理、数据分发等组成，业务逻辑层由监测服务器完成；表示层主要为用户提供可视化的显示和操作的界面，本层业务由客户端个人电脑完成。监测软件总体结构如图 8-14 所示。

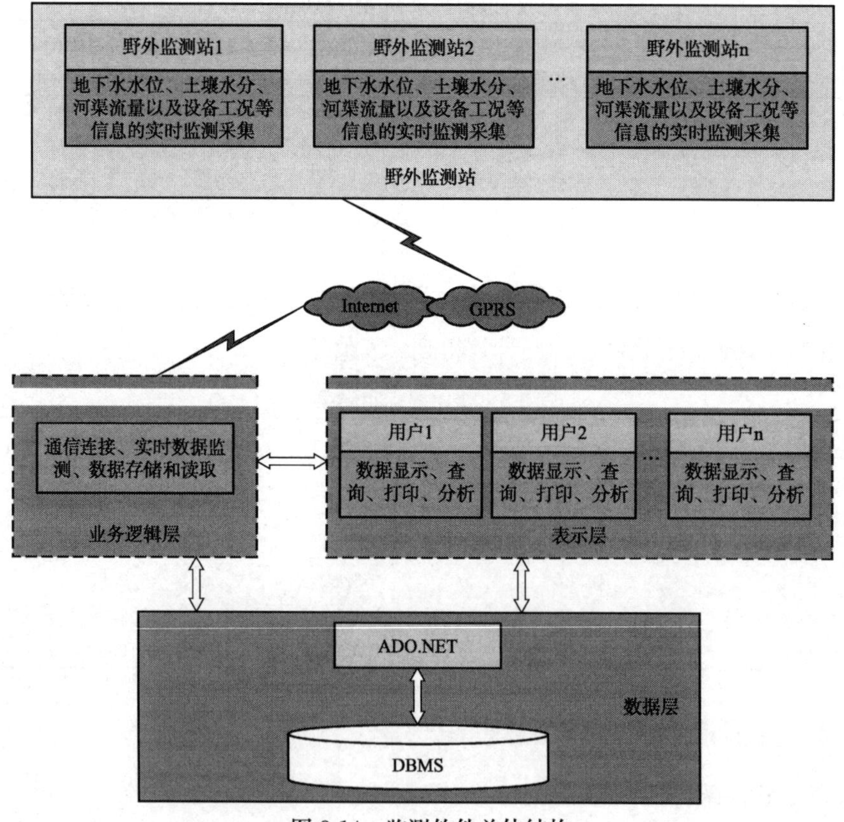

图 8-14　监测软件总体结构

8.2.3.2 数据库设计

(1)数据库管理平台选择

目前,商品化的数据库管理平台以关系型数据库为主导产品,技术上较成熟。国际上主要的数据库管理平台有 Oracle、Informix、Sybase 和 INGRES,这些数据库管理平台都支持多环境,如 Windows、Unix 环境,但支持程度不一样。SQL Server 是微软公司的数据库管理平台,只能在 Windows 环境下运行。目前,SQL Server 在中小型企业使用比较多,而大型企业一般选择 Oracle。

SQL Server 2000 是一种典型的具有 C/S 体系架构的关系数据库管理平台,它使用 SQL 语句在服务器和客户端之间进行数据的请求和回应。SQL Server 2000 具有可靠性、可管理性、可伸缩性、可用性等优良特点,为用户提供了完整的数据库解决方案。鉴于此,本书研究的泾惠渠灌区主要水文生态因子自动化动态监测系统选择 SQL Server 2000 作为数据库管理平台。

(2)数据库安全性设计

①系统权限控制。要求数据库服务器、数据库平台设置密码,并要求密码经常修改,防止他人或黑客登录到数据库进行数据盗取或对数据造成破坏等危害。

②数据完整性约束。用数据库管理系统本身的约束机制和系统实体类自身提供的方法来检查数据的完整性,保证数据质量的安全。

③系统数据备份。

a. 数据安全备份。使用数据库平台自身提供的数据备份/恢复机制进行数据安全备份,保证数据的安全性。当运行库故障时,系统可以将数据库连接转到备份库继续运行。

b. 数据期间备份。数据库中要存储各种原始信息、时段信息和统计信息等信息。因此,系统运行一段时间后,数据库中的数据量将会是海量的,系统拖着这些海量的数据运行,将会严重影响其运行效率。因此,监测软件提供定期备份功能,容许系统管理员对数据进行期间备份,如半年备份一次,可将上半年的数据备份到文件或另一数据库。

(3)数据库组成

泾惠渠灌区主要水文生态因子自动化动态监测系统数据库中所包括的信息有:管理信息、监测站信息、实时信息和历史信息等。

①管理信息。为了维护数据库的安全和了解系统运行状况而设置的一些数据表。如用户登录表、操作日志信息表、监测站运行状态表、异常日志表等。

②监测站信息。保存监测站属性和监测站信息而设置的一些数据表。如水

位站信息表、土壤水分信息站表、雨量站信息表等。

③实时信息。实时信息查询频率最高，以更新方式保存各监测站监测要素的实时值，因各种信息实时值的表示方法不同，每种监测信息的实时值单独存储。如雨量实时信息表、水位实时信息表、土壤水分实时信息表、含盐度实时信息表等，包括实时值和当天的统计值。

④历史信息。历史信息为按照一定时段间隔存储的监测信息，数据表的内容会随着监测时间的延长而逐步增加。如水文要素过程表、水文要素统计表等。

8.2.3.3 软件开发环境选取

目前常用的 Visual Basic、Delphi、Visual C++等可视化开发环境，都适合泾惠渠灌区主要水文生态因子自动化动态监测系统监测软件的开发。Visual C++自诞生以来，一直是 Windows 环境下最主要、最强大的应用软件开发环境，它支持面向对象(object oriented)的程序设计，提供向导节省编程时间，同时提高代码的准确性，而且提供 ADO 数据库访问接口，可以方便高效地与数据库进行通信。本书选择成熟可靠的 Visual C++6.0 可视化开发环境开发监测软件服务器端和客户端，数据库平台选择 SQL Server 2000，同时也支持 Access 2000，主要是为系统调试而设计的，在数据库配置模块提供 SQL Server 和 Access 两种选择，系统正式运行后最好选择 SQL Server。

8.2.3.4 功能模块设计

监测软件的主要功能模块有：

(1)数据库配置模块

为了进行灵活的数据库连接，系统提供了数据库配置模块，初次使用或数据库环境、用户环境变化后需要配置数据库。数据库配置提供 SQL Server 数据库和 Access 数据库两种选择，用户根据需要选择。具体实现如图 8-15 所示。

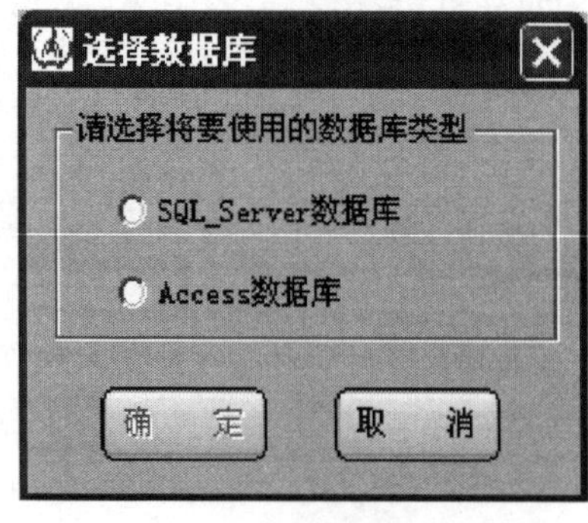

(a) 数据库选择

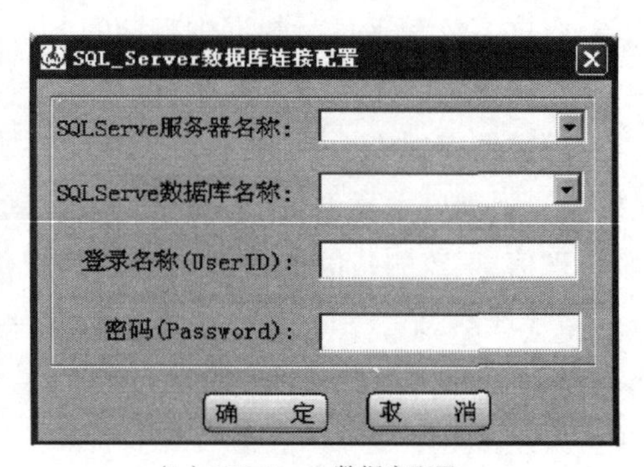

(b) SQL Server 数据库配置

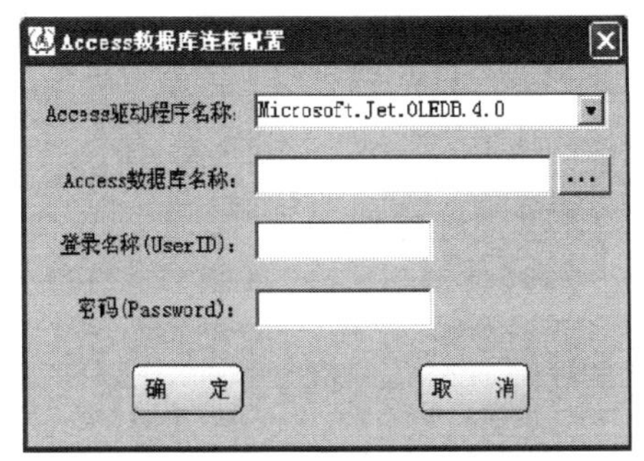

(c) Access 数据库配置

图 8-15 数据库配置模块

(2)网络配置模块

网络配置模块主要完成与 GPRS 服务商的服务器连接的网络设置，包括 Server IP(服务商服务器 IP 地址)、Server Port(VIP 服务器端口)、Server VIP(虚拟 IP 地址)、Local VIP(本地虚拟 IP 地址，即监测服务器的 VIP)、Password(GPRS 服务商提供的 VIP 连接密码)、Test String(测试字符串)、Test Time(测试时间间隔)等项目，如图 8-16 所示。

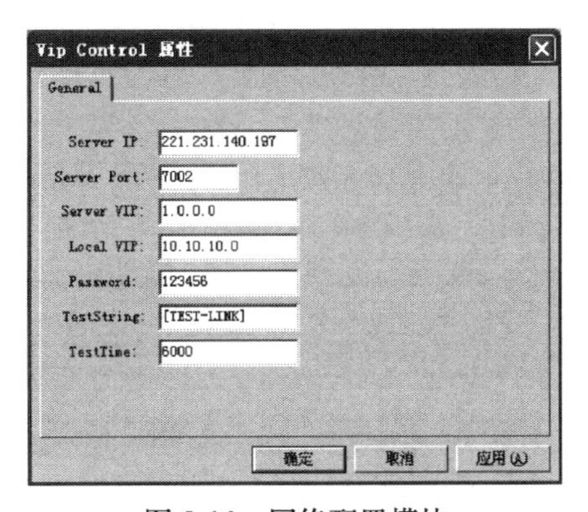

图 8-16 网络配置模块

(3)实时数据监测服务模块

实时数据监测服务模块是整个系统的核心模块。系统通过 Internet 与 GPRS 服务商服务器连接，实时接收监测站传感器监测采集的地下水水位、土壤水分、河渠流量以及设备工况等信息，根据数据类型自动区分各种数据并存储到数据库中，并进行实时显示。显示信息包括地下水埋深、地下水水位、土壤水分、监测时间、通信状态等主要信息。

(4)监测时间间隔设置模块

监测时间间隔模块可以设置各监测站监测时间间隔，时间间隔设置范围为：1s～24h。可以将所有监测站设置为统一的时间间隔，也可以为各监测站设置不同的时间间隔。

(5)数据查询模块

通过对数据库中的实时数据和历史数据访问，可以根据时间（按日、周、月、年）和监测站名称等不同类型进行数据查询。

(6)数据分析模块

根据数据库中的历史数据绘制相关的变化曲线图，如地下水水位变化等。同时对相关监测数据进行等值线的绘制，如水位等值线，用来判断地下水降落漏斗区的变化。

(7)监测站管理模块

包括监测站信息的维护和监测站增加删除。监测站信息维护是指对监测站的地理坐标、名称、高程、VIP 地址等信息进行修改、删除。

(8)报表打印模块

从数据库中调用系统监测存储的数据进行汇总、统计，生成符合规范要求的各种数据报表并进行打印输出，如年报表、月报表等。

(9)角色、密码管理模块

为了安全的需要，系统提供角色、密码管理模块，用户可以随时修改自己的密码，保证系统的安全性。角色由系统管理员分配，不同角色的用户具有不同的权限。

8.2.3.5 主界面设计

为了软件的简洁性、美观性以及开发的容易性，客户端和服务器端都采用了基于对话框的模式进行开发。客户端主界面如图 8-17 所示。

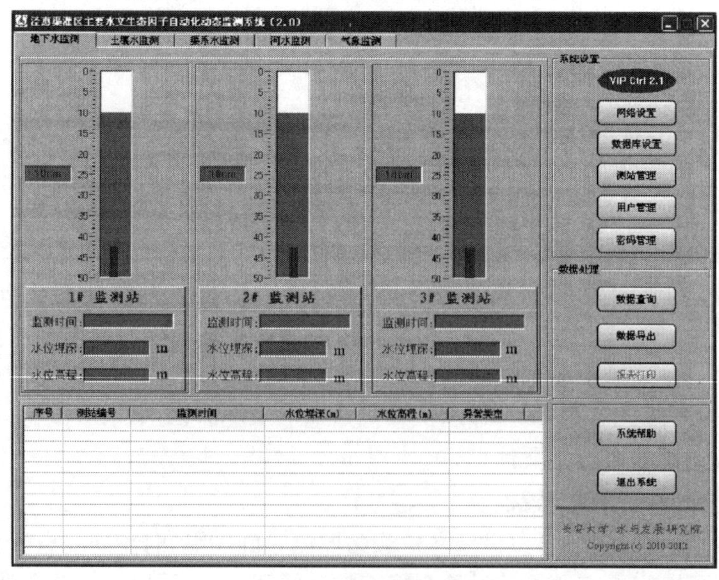

图 8-17　客户端主界面

8.3 通信接口设计

(1)与数据库间的通信接口

本书所研究的泾惠渠灌区主要水文生态因子自动化动态监测系统是一个利用传感器等硬件实时采集水文生态数据，利用数据库技术描述数据，利用监测软件实现信息显示、查询、分析、图形绘制、报表生成打印的集成系统。因此，需要选择合适通信接口来实现监测软件与数据库之间的信息交换。

ADO(activeX data object)是 Microsoft 用来访问数据库的接口，各种流行的数据库系统一般都支持它。通过 ADO 可以快速访问各种数据源，包括关系数据库、非关系数据库、电子邮件和文件系统、文本文件等。

Visual C++6.0 提供了支持 ADO 接口，通过 ADO 技术访问数据库，为数据库应用软件提供了方便高效的解决方案。因此本书所研究的泾惠渠灌区主要水文生态因子自动化动态监测系统的监测软件选择 ADO 技术进行与 SQL Server 2000 进行通信，在具体编程中对 ADO 提供的方法进行了封装。

(2)监测软件服务器端和客户端间的通信接口

监测软件采用 C/S 两层架构来实现，服务器端运行于服务器上，进行实时数据采集、数据存储、数据转发等功能，客户端运行于个人电脑上，主要完成数据查询、统计、报表打印、图件绘制等业务功能。客户端实时数据获取需要服务器端的转发，客户端对监测硬件的参数设置、监测时间间隔设置等也需要通过服务器端来实现，所以需要选择合适通信接口来实现服务器端和客户端之间的通信。

Windows Sockets 可以说已经成为 Windows 网络编程的接口标准，Visual Basic、Dephi、Visual C++等开发环境都支持 Windows Sockets。因此本书所研究的泾惠渠灌区主要水文生态因子自动化动态监测系统的监测软件选择 Windows Sockets 来实现服务器端和客户端间的通信连接，连接类型为 TCP。

(3)监测软件服务器端与监测站数据采集控制器间的通信接口

监测站数据采集控制器通过无线 GPRS 数据终端将数据发送到 GPRS 服务商的 VIP 服务器上，再转发给用户，因此监测软件服务器端与监测站数据采集控制器间的通信就变成了与 GPRS 服务商的 VIP 服务器之间的通信，GPRS 服务商的 VIP 服务器有固定 IP 地址，因此通过以太网接口，就可以与之通信。

(4)传感器与数据采集控制器之间的通信接口

本书所研究的泾惠渠灌区主要水文生态因子自动化动态监测系统所选用的传感器与数据采集控制器之间以 458 总线方式通信。

图 8-18 表示了整个系统的通信接口模式。

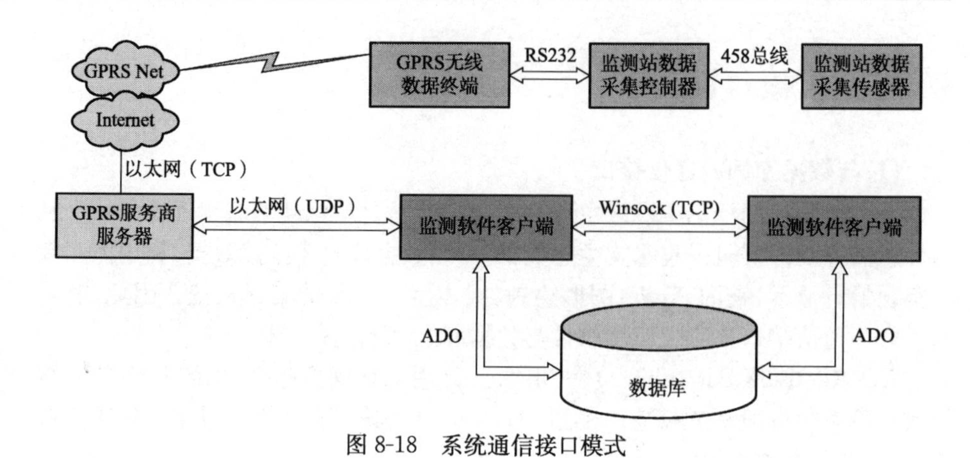

图 8-18　系统通信接口模式

第9章 智慧水库灌区信息系统技术设计与应用——石头河水库灌区

智慧水利是智慧城市不断向前发展的必然产物，它是现代化城市管理水平的一个重要标志。智慧水库作为智慧水利中比较重要的一部分，通过新兴的物联网技术、云计算、新一代互联网技术等与水库信息化系统相结合，实现水库信息共享和智能管理，有效提升水库工程运行管理效率和效能。智慧水库是通过不同种类的监测传感器设备，监测流域雨量、河道水位、水质以及大坝变形、渗流等要素，并通过信息传递以实现水库工程运行管理的智能化识别、跟踪、管理、预测等。虽然目前在国内智慧水利建设发展较快，但是在我国，智慧水利建设还存在一些问题，如资源共享服务和智能化水平比较差、水利基础信息要素缺乏等。下面以陕西省宝鸡市眉县石头河水库智能信息系统建设为例，说明智慧水库信息系统建设的相关技术问题。

9.1 简介

9.1.1 石头河水库流域概况

石头河水库位于陕西省西安市西南方，其坝址在陕西省宝鸡市眉县斜峪关，距西安市约130km。石头河位于黄河一级支流渭河南岸，是渭河的一级支流，流域范围处于107°E—108°E，34°N—35°N之间的崇山峻岭中。石头河发源于秦岭山脉北麓的太白山，整个水系自南向北呈扇形汇集，流经斜峪关后出峪，再流经15km注入渭河。石头河流域斜峪关以上为山区，森林茂密，上游区多为原始森林，植被极好，人迹罕至，因此石头河水质极佳。水库控制流域面积为673km^2。鹦鸽水文站为石头河水库的入库站，鹦鸽水文站控制流域面积为507km^2。石头河干流全长51.1km，河道纵向比降为1/60～1/70。流域气候比较湿润，降雨集中在7—9月，多年平均降水量在816mm以上，多年平均蒸发量约为940mm，年平均气温12℃左右，最高气温43℃，最低气温－15℃，最大风速为

20m/s,多年平均径流量为4.48亿m^3,多年平均流量为14.09m^3/s。

9.1.2 水库工程概况

石头河水库是具有城市供水、农业灌溉、水力发电、防洪等综合功能的大型水利工程。水库的建成对渭河的防洪、水力发电、农田灌溉等方面起到了一定作用,尤其是近年来为我国西北部政治、交通、文化中心,全国重点旅游城市西安市供水,对西安市经济的迅速发展和社会稳定发挥了重要作用,带来了巨大的经济效益和社会效益。

石头河水库始建于1969年,1984年下闸蓄水,1989年枢纽工程竣工,1994年通过国家验收。石头河水库大坝为均质黏土心墙土石混合坝,坝高105m,坝顶高程808m,长509m,顶宽10m,水库库容1.47亿m^3,坝后电站装机容量为1.85万kW。大坝下游为宽浅式河床,防洪能力较低。

9.1.3 水库下游灌区概况

石头河水库灌区位于关中西部,西起宝鸡市铜峪沟,东至眉县青化乡与周至县接壤,南邻秦岭北至渭河,东西全长42km,南北宽15km,总面积630km^2。灌区属平原灌区,辖眉县和岐山两县,共14个乡(镇)。设计灌溉面积37万亩,有效灌溉面积29万亩,另外给宝鸡峡塬下灌区补水面积91万亩。灌区设总干渠,辖东干渠、北干渠、西干渠,总长58.98km,其中总干渠长0.754km,东干渠长29.73km,北干渠长15km,西干渠长13.5km,干渠已衬砌49.87km,占干渠总长度的84.5%。总干渠设计引水流量为70m^3/s,断面为直墙坦拱型,净宽6.4m,净高7.2m;东干渠设计引水流量为11.5m^3/s,设计灌溉面积为24.54万亩;北干渠、西干渠属原梅惠渠灌区,始建于1941年,北干渠设计引水流量为5m^3/s,设计灌溉面积为4.98万亩,大部分渠段为砌石衬砌;西干渠引水流量为5.0m^3/s,设计灌溉面积为4.35万亩,大部分渠段为砌石衬砌。

9.2 系统设计与实现

9.2.1 石头河智慧水库信息系统设计

石头河水库智慧信息系统的设计,需在石头河水库当前信息化系统基础上,以现代信息化技术为支撑,以水库智慧综合管理为目的,构建开放性、综合性的水利信息云服务应用系统平台,实现水库的监测数据采集、视频会商、水库调度、大坝监控、山洪灾害防治等业务全面综合管理,切实加快水利信息化建设的步伐。

在进行水库智慧信息系统建设时，首先要建立水库数据中心，部署和配置石头河水库服务中心信息系统。并采用资源虚拟机动态调度算法实现资源高效分配与动态调度，保证系统中各业务系统的性能要求，达到节能效果。其次是构建水库感知网，通过采用合适的物联网网关技术和架构式中间件技术来完成石头河水库感知数据的采集、数据的交换以及数据的加工处理与应用，从而实现智慧水利工程监控、智慧水资源配置、智慧办公等业务，并达到优化服务环境、简化管理、提高工作效率的效果。

9.2.2　石头河智慧水库信息系统的功能需求

石头河水库水利信息自动化系统建设经过多年的发展，已形成相互独立的大坝安全监测系统、水雨情测报系统、水库灌区监测系统等，但是由于各系统单独建立，缺少统一的水库信息管理服务中心平台，无法实现信息统一、综合、高效的查询、发布与可视化展示。因此建立基于云计算、物联网等新技术的统一的信息管理服务中心平台，实现信息资源集中共享和有效利用，为水库信息查询和决策等提供丰富的信息来源，满足不同用户的应用需求等，是智慧水库信息系统建设核心之一。

石头河智慧水库信息系统为集水库政务办公管理、水库大坝安全监测、水库洪水预报、水库灌区用水管理、水库水资源调度管理等于一体的多功能智慧水库信息化提供全面支撑，形成新的石头河水库智能综合办公、管理和服务体系，而这一新的管理、办公、服务体系称为“石头河智慧水库信息系统”。

石头河智慧水库信息系统需建立统一的业务服务平台，包含“业务服务”“应用服务”“计算服务”“信息服务”“知识决策服务”“流程控制”等，为各项业务应用的完成提供技术支持和各种各样不同的服务，实现各种业务应用之间，以及与其他平台之间的信息互联互通，实现基于网络的快捷办公。

石头河智慧水库信息系统具体应包括：一个高速的局域光纤网络、应用支撑服务平台、不同业务应用系统、不同数据库等。

9.2.2.1　高速局域光纤网络

建立高速局域光纤网络，将各部门、分中心站、灌溉管理站等之间通过计算机局域网及局域网之间互联，构建高速数据交换网络体系，为数据的交换共享、系统之间的协同工作提供可靠、安全的快速通道，同时对石头河水库灌溉管理局门户网站进行全面整合，实现网上办公、信息查询、申报等综合功能。

9.2.2.2　应用支撑服务平台

系统的应用支撑服务平台主要包括：门户管理平台、集成管理平台、应用服务平台、计算服务平台、信息服务平台、知识决策服务平台、流程管理平台。它们分别支持门户内容的管理、应用系统集成、用户个性化定制、应用系统数据与计算服务、短信及信息及时交换管理、智能决策、工作流程的定制、后台事务(数据词典、职工等)管理等。

9.2.2.3 业务应用系统

电子政务办公系统:该系统中包含不同的管理事物功能(如公文管理、会议管理),并通过信息的公开等提高部门之间的监管力度,有利于机构透明度的办公,同时会增强机构部门的服务能力。

视频会商系统:视频会商系统是现代化的音视频会议及应用。它由音频或视频信号源、音响、屏幕、会议系统、信号切换以及中央集成控制等组成。选取DVD或录像机和图文传送器材,有大屏幕或其他显示设备对图文进行还原,为了实现就地决策及指挥,在视频会商系统中必须配备一套中央集成控制设备。在该中央集成控制设备中将所有可能遇到的功能进行集中统一管理,从而提高工作效率,并简化各种各样复杂的工作,实现满足召开视频会议的要求。

大坝安全监测系统:大坝安全监测系统是应用现代化计算机网络技术,对水库大坝监测资料实现科学有序管理,并依据水库大坝不同监测项目(大坝变形、渗流、环境量等)的监测资料分析结果并结合水利专家实践经验,对大坝的运行状态做出评价,对于监测各种各样的不安全因素采用成因分析法分析之后提出必要的建议,以确保大坝在相应的状态下发挥最大效益。

洪水预报及调度决策支持系统:洪水预报及调度决策支持系统根据水库的水文、气象信息资料,通过创建数学的模型来计算水库、河道的承洪能力,预报入库洪峰流量、峰现时间、最高水位等信息,对实时防洪形势和水库调度进行分析,为水库抗洪防汛调度决策工作提供技术支持。

灌区用水管理信息化系统:该系统是由灌区信息采集、闸门控制、水量调度等内容组成,目的是通过增加灌区监测点、提高测量精度入手,加入数据采集、传输、分析和运用速度,从而实现根据灌区实时状态定制动态灌水计划、合理调度、提高供水的有效性和水资源的利用率,并达到科学灌溉,提高灌区农作物和经济作物的产量目标。

水库及灌区精细化管理系统:根据水库及灌区精细化管理要求,综合应用计算机网络和地理信息技术等建设水库及灌区精细化元素化管理系统,针对水库和灌区水利工程的维护保养信息进行集中统一管理,包括工程建设信息查询、工程维护方案、维护计划、问题记录等内容,实现水库和灌区运行自动化、管理规范化、维护便捷化。

移动业务辅助系统:由移动终端及业务系统两部分组成,利用PDA、平板电脑、智能手机等移动终端,随时随地对水库和灌区水雨情、工情、气象、卫星云图、预警等实时信息进行移动式查询等操作,实现全方位的移动办公。

综合信息一体化可视化系统平台:综合信息一体化可视化系统平台是以

Web GIS技术为基础，以三维地理信息为主要表现形式，通过构建基础电子地图，在Internet环境下对库区和灌区范围内水雨情监测信息、土壤墒情信息、闸门工情监测信息、视频监视信息、大坝原型监测信息、电子巡查记录和预警等信息进行汇聚查询、可视化分析，形成石头河水库各类信息综合管理的服务平台。

9.2.2.4 数据库

智慧水库信息系统数据库主要包括：基础信息库、模型组件库、知识库、主题库、流程库等。其中基础信息库主要包括工情和旱情管理、水雨情、地理空间、水利工程、防汛管理、水资源、水量调度、电子政务、三维展示以及其他数据库等；模型组件库主要包括：水资源优化配置模型、水量实时调度模型、水文预报模型、渠道水流模拟模型、大坝安全监测统计模型、水量平衡计算模型、需水可供水量预报模型等。

9.2.3 石头河智慧水库信息系统的体系架构

根据建立石头河智慧水库信息系统的数据库、服务平台、业务系统的要求，石头河智慧水库信息系统的总体架构如图9-1所示。

(1)采集监控体系

对监控基础设施的建设，主要目的是通过工程中埋设的智能设备或传感器实现智能感知，提取工程中的工程安全信息、水雨情信息、水质信息、工程运行管理信息、视频监视信息、旱情管理信息等方面基础信息。在各种各样信息采集监控系统中，信息的来源包括5个方面，分别为：自动监控信息、人工监控信息、视频监控信息、外部交换信息以及其他信息。

(2)信息通信网络

信息通信网络主要是为业务应用提供服务，包括交换准确及时的数据、传输视频信息、传输语音通信等。

(3)数据资源中心

构建完善的数据资源中心，实现从传统数据中心向智慧化水利数据中心的转变，创建由石头河水库和灌区数据管理组成的私有云平台。数据资源中心包括与工程相关的基础信息库、知识库、流程库、主题库和模型组件库等数据库。在数据中心和数据库构建的基础上，达到资源优化配置与共享，满足不同业务应用服务要求。

(4)基础支撑平台

基础支撑平台为信息系统的高效运行、数据信息的安全性能以及数据信息的可靠性提供必要的保障。在为信息系统的开发及运行环境的维护、管理、性能优化提供基础支持的同时，实现虚拟资源的部署与动态调度。

图 9-1　石头河智慧水库信息系统的总体架构

(5)应用服务支撑平台

应用服务支撑平台主要是为信息系统中业务系统应用软件开发提供辅助支撑的平台，以服务器、中间件技术为核心，不仅可以提升信息系统平台的运行效率，同时可以简化应用系统开发内容。石头河智慧水库信息系统应用服务支撑平台分别由门户管理平台、集成管理平台、应用服务平台、计算服务平台、信息服务平台、知识决策服务平台、流程管理平台等构成。它们分别支持门户内容的管理、应用系统集成、用户个性化定制、应用系统数据与计算服务、短信及信息及时交换管理、智能决策、工作流程的定制、后台事务(数据词典、职工等)管理等。

(6)业务应用层

业务应用层是实现信息系统的核心业务部分。石头河智慧水库信息系统业务应用层包含电子政务办公系统、视频会商系统、大坝安全监测系统、洪水预报与调度决策系统、灌区用水管理信息化系统、水库及灌区精细化管理系统、移动业务辅助系统、综合信息一体化可视系统。其中电子政务办公系统通过对综合办公、工程规划计划、人事人才等各种信息资源的整合及开发,使得不同部门之间信息交换更加快速和有效,同时可加强部门之间监管力度,提高办公透明度,增强公众服务能力;视频会商系统能够实现在遇到重大事件和突发状况下通过视频会商对突发事件或状况的会商决策,同时能够满足视频会议召开需求;大坝安全监测系统能够满足对大坝安全状况进行综合决策评价的要求;洪水预报及调度决策支持系统能够根据水库水文、气象信息资料,通过数学模型等模拟水库洪水过程,为水库的防汛调度工作提供支持;灌区用水管理信息化系统通过增加灌区监测点、提高测量精度入手,加入数据采集、传输、分析和运用速度,实现根据灌区实时状态定制动态灌水计划、合理调度、提高供水的有效性和水资源的利用率,并达到科学灌溉,提高灌区农作物和经济作物的产量目标;水库及灌区精细化管理系统根据水库及灌区精细化管理要求,综合应用计算机网络和地理信息技术等建设水库及灌区精细化元素,实现水库和灌区运行自动化、管理规范化、维护便捷化;移动业务辅助系统帮助工作人员利用各种移动终端随时随地对水库和灌区水雨情、工情、气象、卫星云图、预警等实时信息进行移动式查询等操作,实现全方位的移动办公;综合信息一体化可视化系统平台是以 Web GIS 技术为基础,形成石头河水库各类信息综合管理的服务平台。

(7)门户层

门户层是由外部门户以及内部门户网站组成。相对于外部门户网站,其主要功能是向大众提供统一的门户界面,主要有业务申请、查询等方面功能,而对于内部门户网站,其主要功能是向业务人员提供统一的门户界面,集成各种不同的专业应用、内部办公等应用系统。门户层采用统一的身份认证,进行登录操作。

(8)展现层

信息系统展现层通常是为大众用户提供一般的展示服务,其展示方式通过各种服务终端实现(例如:浏览器、移动终端等)。

9.2.4　石头河智慧水库信息系统应用

9.2.4.1　桌面平台的云计算应用

本小节阐述桌面云建立石头河智慧水库信息系统中的应用实践。

(1)桌面云总体架构

桌面云是一种应用程序。它的架构如图 9-2 所示。

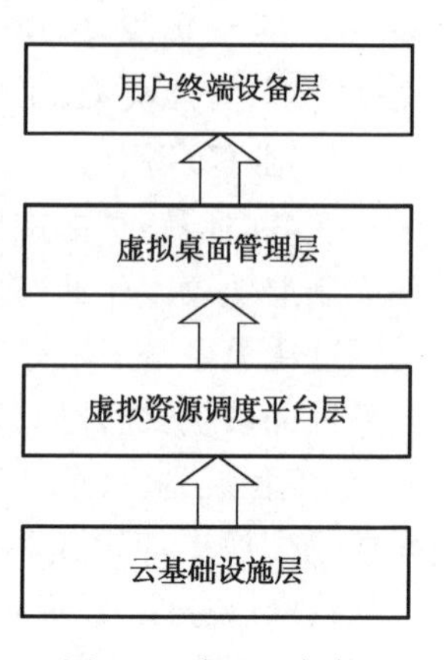

图 9-2　桌面云架构

①云基础设施层。在桌面云的架构中,为桌面云提供硬件设备的是云基础设施层,是由服务器、存储设备、网络设备等组成。

②虚拟资源调度平台层。虚拟资源调度平台层是实现云数据中心最佳负载、性能与节能的关键部分。在虚拟资源调度平台层上,实现基础设施资源虚拟化的同时,实现物理服务器资源的相互整合,节省运行成本。

③虚拟桌面管理层。虚拟桌面管理平台层主要负责虚拟桌面的管理与调度工作,如对虚拟桌面的增减以及分配等。

④用户终端设备层。用户终端设备层主要为用户提供应用系统的操作环境,采用安装有虚拟桌面客户端软件的终端设备链接虚拟桌面。

(2)桌面云应用需求

在石头河智慧水库信息系统中,桌面云项目主要以光纤网络为基础,从维护方便、信息安全和应用灵活等方面入手,为工作人员提供桌面云服务。

(3)桌面云应用

在桌面云应用时,石头河水库工作人员可以通过桌面云客户端进入登录界面,而对于新人员可以注册申请虚拟桌面,待管理员审核通过后,新人员就可通过登录界面进入虚拟桌面系统。

管理员可以通过虚拟桌面管理平台对整个虚拟桌面进行调度与管理,实现用户桌面动态管理。

虚拟桌面管理平台界面,管理员可以通过虚拟桌面管理平台对所有虚拟桌面进行调度和管理,从而实现桌面云办公模式,与传统桌面办公模式相比,采用桌面云办公可节约硬件设备购买的费用、改善办公环境、提高维护人员的维护效率、提高资源利用率、提高系统的可用性、保障数据的安全性、减少设备更换频次和电能的消耗。

9.2.4.2　基于物联网技术的系统应用

石头河智慧水库信息系统业务应用系统包含电子政务办公系统、视频会商系统、大坝安全监测系统、洪水预报与调度决策系统、灌区用水管理信息化系统、水库及灌区精细化管理系统、移动业务辅助系统、综合信息显示系统,通过对各业务的功能需求分析,建立各业务应用系统,提升石头河水库灌区的管理运行效率和服务水平。石头河水库信息系统业务应用界面如图 9-3 所示。

图 9-3　石头河水库信息系统业务应用界面

(1)电子政务办公系统

石头河水库灌溉管理局电子政务办公系统包含:个人事务、知识管理、人力资源、工作流、文档管理、会议管理等功能,其登录界面如图 9-4 所示。

图 9-4　电子政务办公系统登录界面

通过电子政务办公系统可有效简化工作流程,提高工作效率,同时可以加强部门之间的监管力度,并提升各种部门机构之间办公透明度,加强办公的服务能力。

(2)水库大坝安全监测系统

石头河大坝安全监测系统主要根据坝体埋设监测仪器和设置的观测点监测数据对坝体的内部变形、表面变形、渗透压力等进行分析,了解水库大坝的运行状况。在石头河水库大坝安全监测系统运行过程中,工程运行监测数据信息流图如图 9-5 所示。

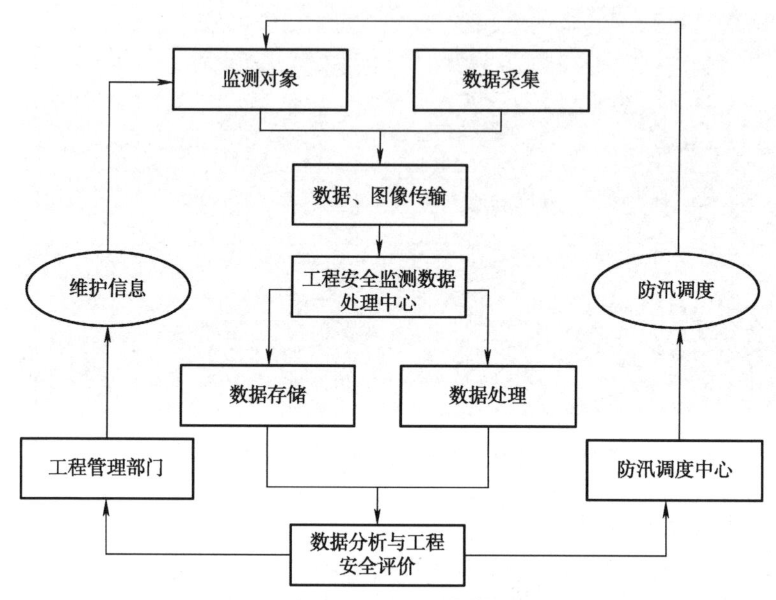

图 9-5　工程运行监测数据信息流图

从图 9-5 可知，石头河水库大坝安全监测系统中，工程运行监测数据信息流向，通过对监测数据信息的处理，并进行综合分析，可对工程内部及外部运行状态进行综合评价，为工程的除险加固和主动防守提供支持。石头河水库大坝安全监测系统的运行界面如图 9-6 所示。

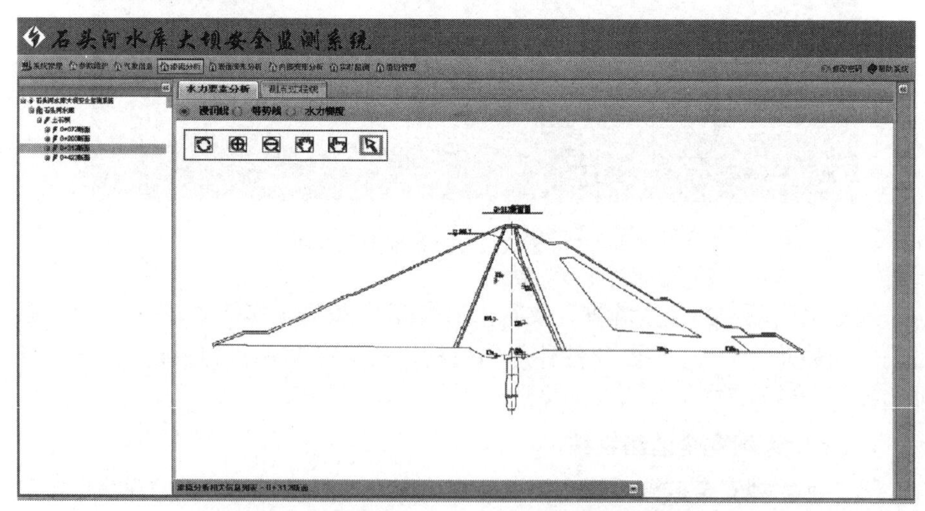

图 9-6　石头河水库大坝安全监测系统运行界面

从图 9-6 可知，石头河水库大坝安全监测系统可根据坝体内及表面埋设监测仪器测量数据对坝体渗流和变形情况进行实时有效的分析。在断面渗流分析过程后，当断面上的浸润线位置高于设计浸润线或存在某区域的水力梯度超过允许值、变形量大于规范允许值时会进行实时预警，提醒工作人员关注相关内容，为水库大坝的安全运行保驾护航。

(3)洪水预报与调度决策系统

洪水预报与调度决策系统主要根据水库流域内雨量站收集流域降水量信息，采用水库的洪水预报模型进行水库来水量预报，从而根据水库的蓄水情况做出水库调度决策，其信息流图如图9-7所示。

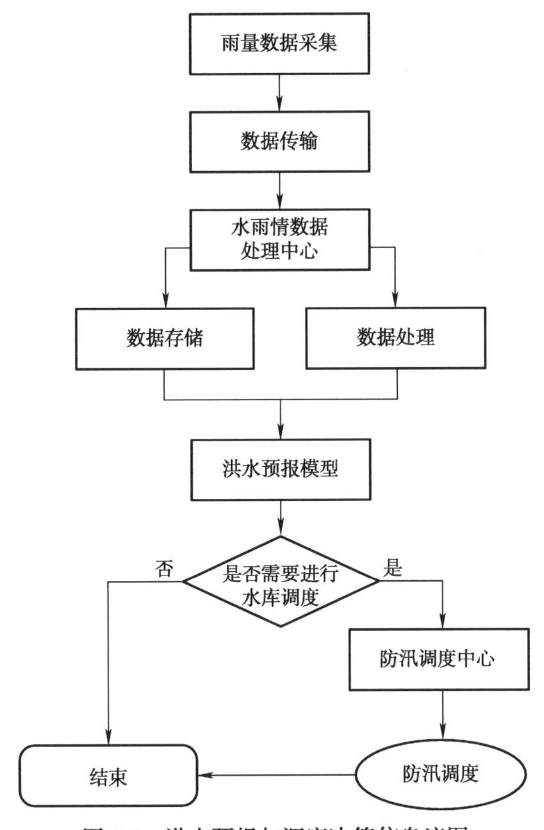

图9-7　洪水预报与调度决策信息流图

石头河水库洪水预报与调度决策系统的运行界面如图9-8所示。

从图9-8可知，石头河水库洪水预报和调度决策系统中，不仅可以实时查询流域各雨量站实时雨情信息以及水库水情信息，同时可以根据流域水情信息，采用洪水预报模型进行实时洪水预报，并根据洪水预报信息进行洪水调度决策制定，为水库的防汛调度提供支持。

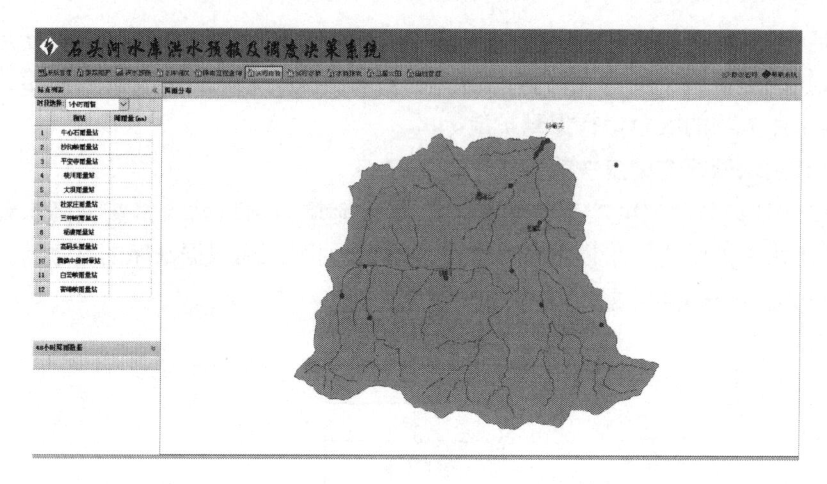

图 9-8　石头河水库洪水预报与调度决策系统运行界面

(4)灌区用水管理信息化系统

石头河水库灌区用水管理信息化系统主要对灌区实现用水调度信息化、科学化，达到节水、增效等目的。石头河水库灌区用水管理信息化系统的功能包括可供水量预测、用水量模拟、灌区配水计划、水费征收、渠系水流模拟等功能模块，通过不同的功能模块实现灌区用水管理智能化。

①可供水量预测。石头河水库灌区可供水量是指灌区水源工程可提供的地表可利用水量。灌区供水量预报主要是解决水源工程的可供水量的短、中、长期预报问题。石头河水库灌区供水量预测方案数据流图如图 9-9 所示。

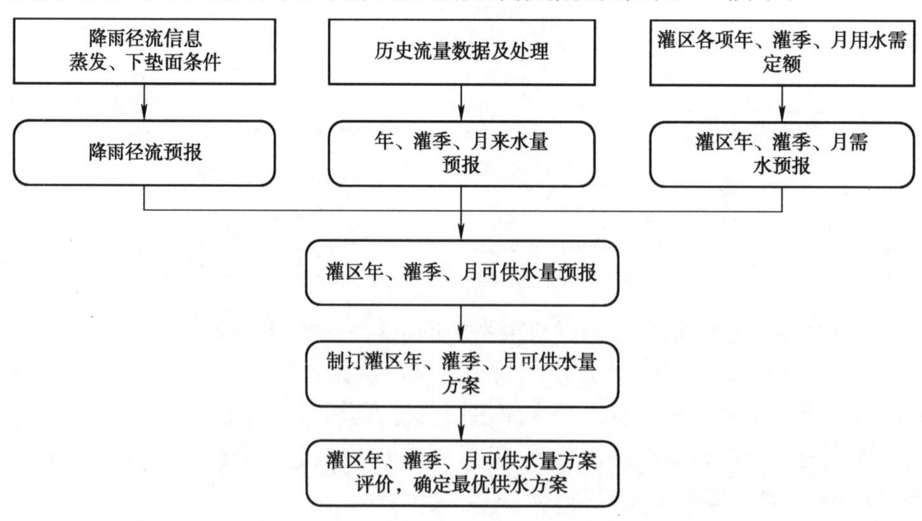

图 9-9　石头河水库灌区供水量预测方案数据流图

图 9-9 描述了通过灌区历史流量数据、用水定额、降雨径流信息等进行供水量预报的相关数据流过程，最终通过决策方法确定灌区最优供水方案。灌区供水量预测模块运行界面如图 9-10 所示。

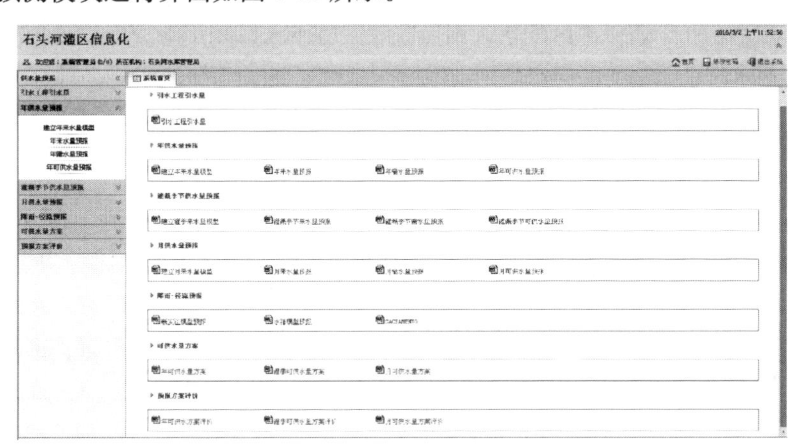

图 9-10　灌区供水量预测模块运行界面

从图 9-10 可知，在供水量预测运行界面上，通过建立年、灌季、月来水量、需水量预报模型，进行灌区年、灌季、月可供水量预测，并通过不同的供水方案评价模型对供水方案进行评价，优选出最优供水量方案用于进行灌区年、灌季、月供水。

②用水量模拟。灌区用水量模拟旨在根据灌区土壤墒情、作物信息、气象信息、雨情信息等采用水量平衡方法对灌区用水量进行模拟，并采用模拟结果进行灌区用水量预报，最终确定作物最近一次的灌溉日期和灌溉水量。灌区用水量模拟预报数据流图如图 9-11 所示。

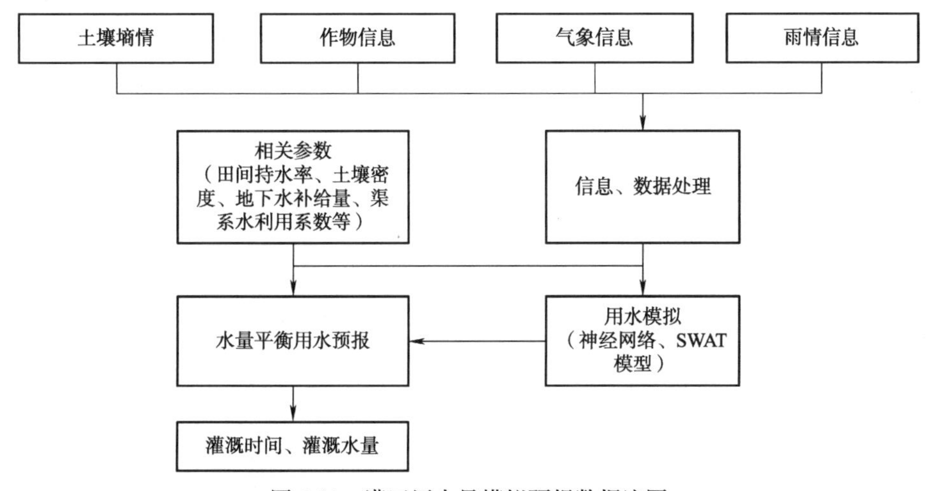

图 9-11　灌区用水量模拟预报数据流图

根据图 9-11 可知，采用灌区作物信息、雨情信息、气象信息、土壤墒情等资料以及水量平衡计算模型对石头河水库灌区用水量进行演算，预测灌区不同作物灌水日期和灌水量多少，这可以为灌区实行计划用水提供数据支持。

③灌区配水计划。灌区配水计划是在灌区可供水量和用水量模拟预报的基础上，按照用水需求编制灌区配水计划。灌区配水计划数据流图如图 9-12 所示。

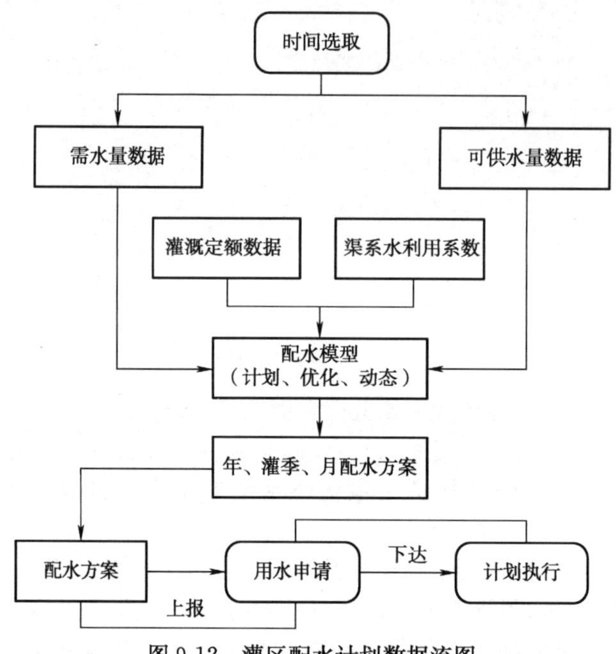

图 9-12　灌区配水计划数据流图

从图 9-12 可知，灌区配水计划模块主要根据预测灌溉时间、需水量数据、可供水量数据以及灌溉定额、渠系水利用系数等参数，分别采用不同的配水模型进行年、灌季、月配水方案制订，并对方案进行上报、审批、执行等工作。制订灌区合理的配水计划实现计划用水的核心，它可以实现灌区水资源的最优配置。

④水费征收。水费征收直接关系到灌区的经济效益，是实现水务公开，避免人情水的重要手段。灌区水费征收是根据用水户的用水信息进行统计，按实际用水量和水价标准向用水户征收灌溉水费，并开具收据和发票，做到账务公开，民主监督。灌区水费征收管路数据流图如图 9-13 所示。

根据图 9-13 可知，石头河水库灌区水费征收相关数据流及水费征收运行界面可实现灌区水费征收和管理，用水户可通过互联网进行缴费，并查询缴费和用水的相关信息。

另外，在灌区用水管理信息化系统中还包括：渠道水流模拟、闸门控制，工程管理等功能模块，此处不详列。

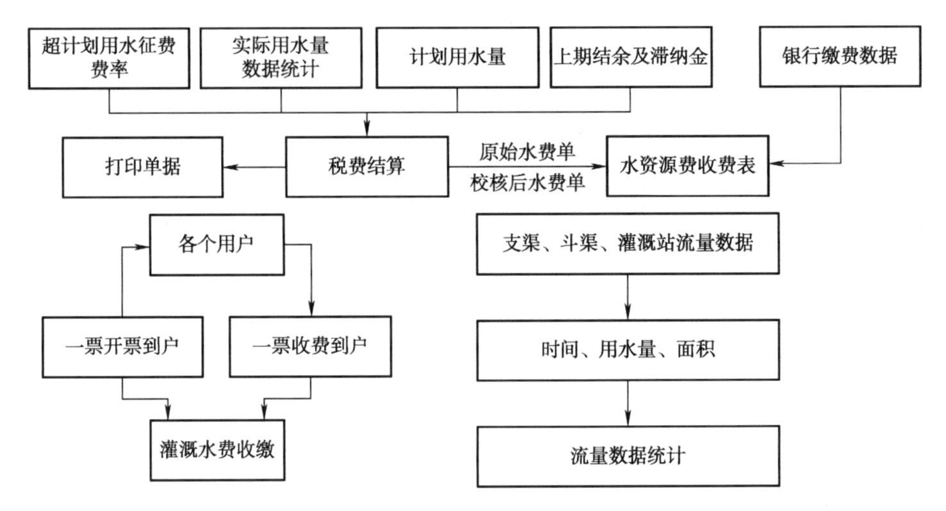

图9-13 灌区水费征收管路数据流图

(5)综合信息显示系统

石头河智慧水库信息系统中综合信息显示功能主要是对流域雨量及灌区渠道不同监测断面水位、流量、水闸开度以及预警信息进行实时查询。

(6)移动业务辅助系统

石头河智慧水库信息系统中移动业务辅助系统主要是针对智能终端(手机、平板电脑等)开发智慧水库App应用,整合相关水利业务,涵盖移动办公、移动视频监测、防汛调度、综合数据(水位、流量、降雨、气象等)查询服务等多项功能,使用户可随时随地移动办公、防汛决策、视频会商等。为防汛抗旱、水资源管理、办公管理等重要工作提供及时、便捷的服务。

第 10 章　现代化生态灌区顶层设计与实践——宁夏引黄灌区

10.1　简介

国务院批复的《西部大开发“十三五”规划》和水利部发布的《水利改革发展“十三五”规划》提出了开展大中型灌区现代化改造试点，把农业节水作为方向性、战略性大事来抓，灌区的现代化建设已成为国家农业现代化建设的战略需求。

宁夏地处我国西北内陆干旱地区，3/4 的面积位于干旱半干旱气候区，干旱缺水、水资源时空分布不均是基本区情，水资源供需矛盾突出是宁夏可持续发展的瓶颈。宁夏引黄灌区是全国四大古老灌区之一，已成为支撑和保障宁夏地区经济社会发展的重要基础，造就了塞上江南的美名。然而，由于引黄灌区历史悠久，加之受社会经济条件的制约，已建的水利基础设施标准低，不能较好地满足当前经济社会发展和农业现代化的需求，出现了水利基础设施不完善、水资源利用效率不高、信息化程度低、管理体制机制不健全、社会化服务水平不高等问题。因此，必须利用现代信息技术，对引黄灌区进行全面提升改造，推动灌区管理手段、管理模式、管理理念创新，提高水资源利用效率，推进水资源节约集约利用，从而实现灌区粮食稳产、农业增效、农民增收、生态良好的高质量发展目标。

10.1.1　引黄灌区基本情况

宁夏引黄灌区由青铜峡、沙坡头、七星渠、固海、红寺堡等 5 个大型灌区组成，集中分布于宁夏中北部的黄河两岸和清水河、苦水河河谷川地，其取水水源在黄河宁夏段沙坡头至青铜峡枢纽之间 122km 长的河段上，现状有效灌溉面积为 827.95 万亩（$1hm^2$＝15 亩），占宁夏全区有效灌溉面积的 93.1%。其中：青铜峡灌区现状实灌面积为 507.26 万亩，总引水流量为 $603m^3/s$；沙坡头灌区现状实灌面积为 73.68 万亩，总引水流量为 $76m^3/s$；七星渠灌区现状实灌面积为 36.14 万亩，最大引水流量为 $61m^3/s$；固海灌区现状实灌面积为 137.51 万亩，总引水流量为 41.2m^3/s；红寺堡灌区现状实灌面积为 73.36 万亩，总引水流量为 25m^3/s。宁夏引黄灌区现状灌排工程主要技术指标见表 10-1。

表 10-1　宁夏引黄灌区现状灌排工程主要技术指标

项　目	灌　区					
	合计	青铜峡	沙坡头	七星渠	固海	红寺堡
设计灌溉面积(万亩)	756.95	506.00	70.20	28.85	119.10	55.00
现状灌溉面积(万亩)	827.95	507.26	73.68	36.14	137.51	73.36
自流灌溉面积(万亩)	492.59	414.94	41.51	36.14	0.00	0.00
扬水灌溉面积(万亩)	335.36	92.32	32.17	0.00	137.51	73.36
现状年用水量(亿 m^3)	62.03	44.64	6.67	3.35	4.62	2.76
取(引)水流量(m^3/s)	806.20	603.00	76.00	61.00	41.20	25.00
输水干渠长度(km)	2 253.64	1 175.70	343.08	120.60	457.71	156.55
总干渠(km)	53.92	53.92				
干渠(km)	1 589.61	844.30	227.75	87.60	328.39	101.57
支干渠(km)	610.11	277.48	115.33	33.00	129.32	54.97
泵站数(座)	126.00	65.00	5.00		38.00	18.00
泵站装机容量(万 kW)	46.54	10.77	1.88		23.058	10.83
灌溉系统年用电量(亿 kW·h)	9.26	2.20	0.83		3.73	2.50
控制排水面积(万亩)	629.40	572.70	26.70	30.00		
排水能力(m^3/s)	467.40	369.40	53.00	45.00		
现状年排水量(亿 m^3)	30.61	24.68	3.59	2.33		
排水干沟长度(km)	957.91	737.50	170.61	49.80		

10.1.2　引黄灌区存在的主要问题

(1)水资源短缺问题仍未从根本上破解

目前，引黄灌区农业用水占总用水量的 90.7%，远高于全国 63%的水平，而农田灌溉水利用系数低于全国平均值。水资源总量不足与结构失衡和用水效率不高的问题并存，随着经济社会的快速发展，用水需求呈刚性增长，供需矛盾将更加凸显。

(2)水利基础设施较弱

引黄灌区输水干渠长，水源单一，调控能力弱，灌溉高峰期灌区下游灌水难的问题比较突出；红寺堡灌区、固海扩灌灌区泵站没有更新改造，设备老化等问题突出；部分泄洪排水沟道被挤占、淤积，影响泄洪安全。支斗渠砌护率较高，但砌护质量不高、耐久性较短，冻胀损坏较严重。

(3)引黄灌区信息化建设程度低

引黄灌区信息化建设缺乏系统性，信息化基础设施建设薄弱，广域网络尚未建成，基层所建网络条件较差，水闸、泵站等控制性建筑物测控一体化水平较低，引黄灌区土壤墒情监测覆盖面小，智能化水平较低，与现代化的要求差距大。

(4)生态环境脆弱

引黄灌区现状森林覆盖率只有10%左右，而且森林资源质量较低，生态服务功能效益较差。大多数干道、干渠、干沟及黄河沿岸的生态保护框架尚不完善，林网布局、结构不甚合理。中部干旱带水土流失和风沙危害严重，是重要的风沙源区和入黄泥沙策源地。贺兰山东麓地区还存在741km^2的超采区，年超采地下水量5 432万m^3，影响贺兰山自然保护区和水源地的生态安全。

(5)水环境形势严峻

直接排入黄河的农田排水沟营养性污染物超标严重，承担农田排水、城市及工业废污水的综合排水沟大量污染物严重超标，有的已成为臭水沟，丧失了使用功能。艾依河(典农河)、阅海、沙湖等重要水功能区水质尚未达标，严重影响着引黄灌区经济社会的可持续发展。

(6)管理体制机制改革有待进一步深化

按照最严格水资源管理制度、河长制、水流确权、水资源“双控”行动、水权水市场、农业水价综合改革等方面的要求，还存在较大差距。

10.2 系统设计与实现

10.2.1 宁夏引黄现代化生态灌区顶层设计

从现代化灌区定义和现代化内涵来看，现代化灌区建设主要体现在4个方面：一是高层设计思想，也就是党中央对于灌区建设的指导思想；二是水利技术(基础设施)应用，如喷灌、滴灌、全渠道测控、水肥一体化、渠道衬砌等技术的应用；三是信息科技应用，主要是水利信息化技术，按照信息化、数字化和智能化3个阶段建设灌区水利；四是现代管理，即农业产、中、后和水务管理等具有现代化管理的体制机制建设。宁夏引黄现代化生态灌区建设范围涵盖了宁夏主要经济、社会和农业发展区域，其建设不是单纯的水利现代化或者是水务现代化，更应该是灌区现代化建设，包括社会、农业、生态、水利工程等建设及相应的政策法规建设，具有阶段性建设的特征。实质上就是利用当前适宜宁夏灌区建设的科学技术，推动灌区农业生产、经营、安全以及社会发展，全面改造灌区群众生产、生活物质条件和精神条件的过程。

10.2.1.1 主旨与特征

一是灌区建设与发展必须以满足灌区生态环境持续发展为基础，即建设生态灌区。二是灌区建设逐步向现代化灌区建设发展，即坚持优先改造老化灌区，统筹安排新建灌区；优先改善现有灌溉面积，统筹扩大新增灌溉面积；优先采取成熟的新技术、新工艺、新产品，统筹应用传统技术与方法；优先满足民生迫切需求，统筹改善生态环境。三是西北地区水资源短缺，水土流失严重，生态系统脆弱。在内陆河流区，合理调整农业生产布局，限制种植高耗水作物，有序实现耕地、河湖和地下水的休养生息。四是现代化灌区建设要以服务于现代农业发展为宗旨，按照“先挖潜后配套，先改建后新建”的原则，夯实灌区输配水系统、排水系统、灌溉建筑物、田间工程等灌排设施基础，推进现代化灌区建设，深化灌区管理体制与运行机制改善，加快灌区农业水价综合改革，加强技术创新与人才培养。由此可见，宁夏建设现代化灌区必须按照水资源均衡配置、现代化理念、生态环境可持续发展、服务于宁夏现代农业等要求来建设，即以“宁夏引黄现代化生态灌区”为主旨来建设宁夏的现代化灌区。宁夏引黄现代化生态灌区的特征定义为：充分运用现代化的工程技术和管理手段，对引黄灌区进行全面、系统的建设，使其达到设施完备、工程安全、节水高效、管理先进、保障有力、生态健康、规模化经营与集约化生产程度高。基本特征可概括为：先进、高效、安全、生态、集约。

10.2.1.2 基本原则

一是节水优先、高效利用。以节约用水和水资源高效利用为核心，优化配置和绿色水资源循环利用。

二是系统治理、协调发展。以灌区为载体，旱、涝、洪、渍、盐、碱系统治理，水、田、路、林、电、村协调发展，水源工程、输配水工程、田间工程、生态环境保护措施、灌区管理设施同步提升，满足灌区农业现代化的需要。

三是科技引领、体制创新。推动新技术、新材料、新工艺的广泛应用；大力推进农业水价综合改革，建立灌区现代管理制度和良性运行机制；实施用水总量控制和定额管理，通过精准灌溉、精确计量、精细管理，全面提升灌区管理与服务水平。

四是改造为主、统筹新建。优先改造现有老化工程，统筹安排新建工程；优先改善、恢复已有灌溉面积，统筹安排已建、在建工程的灌区配套。

五是以点带面、分期实施。优先选择具有典型性的地区和典范性的工程实施。

10.2.1.3 标准与目标

(1)建设标准

2013年，韩振中等人提出了大型灌区现代化建设内容与标准，即从安全保障、灌溉排水、管理与服务、效率与效益、生态环境等5个方面考虑。依据此提法，结合实际情况，宁夏引黄现代生态灌区建设标准主要涉及灌溉、防洪、排涝、排渍、工程使用年限与耐久性、灌溉与排水水质等。对于经济集中区域防洪标准按照规范上限取值，农田灌排工程设计标准达到规范要求或适当提高标准；灌区管理实现信息化和数字化，适时适量采用全渠道测控技术优化配水；灌溉水利用系数达到0.55以上，排水水质满足承泄区水功能区的水质要求。目前，此项建设标准是国内唯一对大型灌区建设现代化生态灌区提出的建设标准。

(2)建设目标

宁夏引黄现代化生态灌区建设的总体目标是，利用10年左右时间，对引黄灌区进行全面、系统的现代化建设，改变传统灌溉方式，大力推行以微灌、喷灌为主的高效节水灌溉，实现水资源利用效率的最大化；通过综合应用先进工程技术和现代信息技术，实现水资源利用的智能化、自动化和精细化；把宁夏引黄灌区建设成为全国高效节水、生态环境友好的现代化生态示范灌区。分项目标涉及防洪安全保障、灌溉保障与用水、灌溉排水、用水计量与信息化建设、管理及服务、灌区生态环境、用水效率、农业生产与效益。详细指标见表10-2。

表10-2 宁夏引黄灌区分项目标指标

类别	项目	基准年	规划水平年	
		2015年	2020年	2025年
保障与服务能力	灌区总用水量(亿 m^3)	72.0	72.3	72.3
	有效灌溉面积(万亩)	827.95	959.6	959.6
	高效节水灌溉面积(万亩)	176.86	407.8	558.6
	其中:智能化高效节灌面积(万亩)	—	20	50
	灌溉供水保障程度(多年平均,%)	88	90	≥95
农田灌溉排水	骨干工程正常运行率(%)	90	95	≥95
	骨干输(排)水渠(管道完好率(%)	90	95	100
	骨干梁(沟)道建筑物完好率(%)	85	95	100
	田间工程配套率(%)	91	95	100
用水计量与信息化程度	干渠直开口测控一体化(%)	6.5	70	100
	泵站、水闸自动化(%)	49.8	80	100
	支渠斗口测控一体化(%)	—	30	100
	斗口以上的用水计量率(%)	30	50	90
	灌区专业化管理覆盖率(%)	39	64	100
	信息化程度(%)		60	90

（续）

类　别	项　目	基准年	规划水平年	
		2015 年	2020 年	2025 年
灌区生态环境	森林覆盖率（%）	10.06	11.5	13.0
	地表水水体达标率	75	80	≥95
用水效率与水平	农田灌溉水利用系数	0.495	0.55	≥0.57
	单方灌溉水粮食产量（kg/m³）	1.20	1.35	≥1.55
农业生产与效益	粮食综合生产能力（万 t）	270	280	300
	农业总产值（亿元）	368	490	720
	农村常住居民可支配收入（元）	9 356	16 000	19 000
	耕种收综合机械化率（%）	69	80	≥90
	多种形式适度规模经营占比（%）	35	50	75

10.2.2　宁夏引黄现代化生态灌区建设内容

按照宁夏引黄现代化生态灌区建设的顶层设计，主要建设内容包括引黄灌区骨干工程升级改造、高效节水灌溉区田间灌排工程改造、水生态及水文化建设、灌区信息化建设以及体制机制改革与管理服务建设。由于农业现代化是现代化生态灌区最终服务对象，因此区域内水土资源平衡是其发展基础。对于灌区农业现代化的分析，旨在反映现代化生态灌区建设内容所要服务的对象，根据对象的规划特征，安排部署水利工程现代化的建设。特别是对于高效节水灌溉工程的部署有直接影响，涉及工程建设的水源工程、泵站、管网以及所采用的灌水技术。对于灌区内水土资源的平衡分析，旨在反映现代化生态灌区建设后水土资源配置的合理性，强调灌溉水利用系数变化、农业灌溉用水的减少量、土地资源的再开发利用量等。这两项工作为后续开展建设内容奠定基础，能够保障工程建设后水土资源利用持续良性发展。为此，以宁夏农业现代化、水土资源平衡分析为基础，阐述宁夏引黄现代化生态灌区建设内容更加合理。

10.2.2.1　工程建设内容

按照宁夏引黄现代化生态灌区整体规划，到 2025 年灌区总用水量为 72.3 亿 m³，有效灌溉面积为 959.6 万亩，其中高效节水灌溉面积为 558.6 万亩。考虑宁夏当前经济总量与农业发展现有条件，到规划水平年发展智能化高效灌溉工程 50 万亩。具体包括：

（1）灌区防灾减灾体系改造包括河洪和山洪两大部分。通过黄河宁夏段以及清水河、苦水河防洪治理工程的建设，基本解决引黄灌区主要河流的防洪问题。山洪灾害还缺乏全面、系统的治理，尤其是贺兰山东麓地区防洪体系还不够健全。因此，灌区防洪的重点是山洪灾害治理，主要是完善灌区防洪体系、杜绝洪水入渠、疏通泄洪通道。

(2)灌溉系统现代化升级改造一是输水干支渠防渗、配套建筑物改造、灌区调蓄设施建设、渠系联通工程。二是大中型泵站更新改造，涉及红寺堡扬水和固海扩灌扬水工程的30座泵站。三是排水系统升级改造，引黄灌区排水系统升级改造的目的是保证灌区排水畅通，满足现代化灌区对防洪、除涝、排渍、防治盐碱化的需要。四是灌溉用水计量系统改造，结合灌区农业水价综合改革需要，对引黄灌区干渠直开口和支渠斗口进行测控一体化技术改造。

(3)高效节水灌溉与田间灌排工程改造规划期引黄灌区新增高效节灌面积381.74万亩，至规划水平年，高效节水灌溉率达到58.21%。其中，建设50万亩智能化高效节水灌溉，智能化高效节水灌溉是在传统高效节水灌溉基础上，采用计算机采集和处理土壤墒情、土壤质地、气温湿度等信息，根据不同作物的生长机理实行水肥耦合精准灌溉，形成精准农业灌溉技术体系，其自动化灌溉系统控制的程度和信息化管理水平更高。智能化高效节水灌溉工程建设内容主要包括:沉沙调蓄水池;标准型或智能化及喷微灌系统，含动力系统和施肥过滤设施的首部枢纽、管网、灌水器及智能化控制系统等;田间配套设施，含墒情监测系统、管理房等管护设施、管护便道等。

10.2.2.2 水生态及水文化建设

引黄灌区水生态环境建设的总目标是:围绕人水和谐的核心理念，实现群众生产生活需求、经济社会可持续发展与水生态系统健康需求之间的平衡，达到空间均衡、河湖连通、开发合理、安全舒适、生物多样、管控有效，实现科学合理的水资源配置、集约高效的水资源利用、系统严格的水生态保护、特色鲜明的水文化建设和规范有效的水生态管理，彰显“塞上江南”的独特风情和魅力。一是加强水资源保护，全面落实最严格水资源管理制度，严守“三条红线”;二是加强水污染防治，统筹水上、岸上污染治理，排查入河湖污染源，优化入河排污口布局;三是加强水环境治理，保障饮用水水源安全，加大黑臭水体治理力度，实现河湖环境整洁优美、水清岸绿;四是加强水生态修复，强化山水林田湖草系统治理。

10.2.2.3 灌区信息化建设

灌区信息化是现代化灌区建设顶层设计的核心内容之一。灌区现代化建设从信息化角度来讲，具体实现步骤:第一实现信息化，第二实现数字化，第三实现智能化。宁夏引黄灌区水利信息化建设坚持服务群众、提能增效、创新引领、共建共享的原则，紧紧围绕灌区群众的期待和需求，把信息技术贯穿于灌区现代化建设的全过程，统一建设、分级部署，业务范围涵盖引黄灌区各项管理职能，主要包括灌区水量调度管理、水环境监测、工程管理、防汛管理、智能灌溉管理、水费征收管理、安全生产管理、水政执法、水权交易以及电子政务、河长工作平台等灌区管理业务。以自治区"一网一库一平台"为依托，基于已建的数据中心、业务平台等智慧水利核心框架，补充灌区测控设施，建设灌区水量调度、工程管理等业务管理，通过一张图和统一门户实现灌区内外用户的高效管理与服务。按信息化建设布局分为基础设施层、数据层、平台层、业务应用层、公共服务层、用户层以及标准规范和保障体系。

10.2.2.4　体制机制改革与管理服务建设

实践证明，先建工程后建体制通常带来重建轻管的问题。工程建设后，由于管理者和群众对于新生事物的接受度不够、认识不足、观念陈旧，继而导致体制机制成为一纸空文，对于工程的运行与维护，难以从制度上得到保障。先建体制机制则更加有助于工程的运行与维护，同时也提高了管理者和群众对于某项新生事物的认知度。因此，宁夏引黄现代化生态灌区的建设从根本上讲是以体制机制建设为基础的。在实践中，宁夏完成了水权改革试点工作，同时全面推进农业综合水价改革，全面推进灌区河长制管理，开展了基层管理基础设施升级改造、科技和能力建设等。

宁夏引黄现代化生态灌区具有较好的示范与带头作用，可为其他地区提供参考。同时，由于建设内容较广、涉及行政部门较多，难以在短期内建设完成，当前宁夏引黄现代化生态灌区建设还处于从探索向应用推广转变的过程，一些基础性工作仍需要加大力度，如已经制定的现代化技术指标能否满足要求，需要在今后一段时间内通过实践来检验；灌区现代化建设评估方案还未形成，不利于把握顶层设计的合理性；水、肥料、土壤等条件与作物生长的关系模型尚未建立，不利于水利信息化向水利数字化、智能化转变；适宜于现代化生态灌区建设的投融资机制不够健全，PPP 模式应用在灌区水利建设与管理中处于探索阶段，地方政府没有明确的政策支持。

因此，宁夏引黄现代化生态灌区已选取吴忠市利通区作为建设试点展开积极探索：一是对干渠直开口、支干渠直开口以及重要的分水闸实施测控一体化闸改造，实行农业梯度水价；二是实施 App 水务管理、水务局及上级部门适时监控灌区水务调度情况等全方位的水利信息化建设；三是应用 PPP 模式进行渠道改造、高效节水灌溉等基础设施建设；四是开展现代水务管理与服务改革。

10.2.3　引黄现代化灌区建设的思路及建议

10.2.3.1　控制灌区发展规模

引黄灌区灌溉面积发展坚持以水定地、以水定规模的原则，以现有灌区为主，除已经批复在建的新灌区外，须严格控制灌区发展规模，使其发挥应有的效益。

10.2.3.2 构建现代农业产业结构

根据引黄灌区资源禀赋条件、经济发展水平、产业发展现状、农业发展基础等因素,大力发展优质粮食和草畜、蔬菜、枸杞、葡萄的“1+4”特色优势产业。北部自流灌区以农业综合生产能力建设和节水型灌区建设为重点,积极推进产业规模化、种养集约化、生产标准化、产出高效化,促进产加销一体化经营,形成以优质粮食、蔬菜、枸杞、葡萄、奶产业和适水产业为主的现代农业产业体系。中部扬黄灌区以水资源的合理利用与开发为重点,优化粮经饲三元结构,扩大粮饲兼用型玉米和苜蓿种植面积,走农牧并重、草畜结合的路子(图 10-1)。

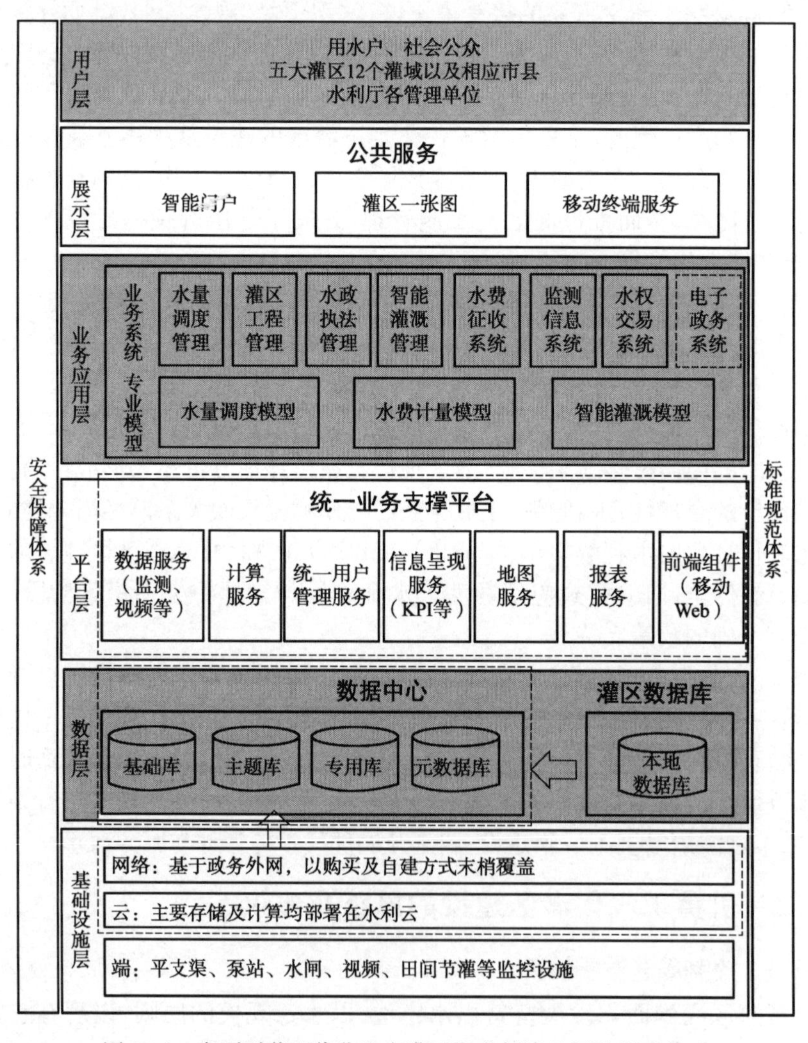

图 10-1 宁夏引黄现代化生态灌区安全保障及标准规范体系

10.2.3.3　提升改造水利基础设施

(1)灌区防灾减灾体系升级改造

引黄灌区防洪包括河洪和山洪两大部分。通过黄河宁夏段以及清水河、苦水河防洪治理工程的建设，引黄灌区主要河流的防洪问题基本解决。山洪灾害还缺乏全面、系统的治理，尤其是贺兰山东麓地区，防洪体系还不够健全。因此，灌区防洪的重点是山洪灾害治理，主要是完善灌区防洪体系、杜绝洪水入渠、疏通泄洪通道。

(2)灌溉系统现代化升级改造

加快对年久失修和未砌护的干支渠的防渗砌护，同步改造提升配套建筑物。完善灌区调蓄设施，重点对青铜峡灌区、七星渠灌区和固海灌区的调蓄设施进行完善配套。继续实施大型泵站更新改造项目，对红寺堡扬水、固海扩灌扬水、平罗县河东陶乐扬水、渠口太阳梁扬水、中卫碱碱湖扬水等 48 座泵站进行更新改造，提高泵站供水保障能力。对淤积比较严重、影响正常排水的骨干排水沟道进行全面疏浚整治，对老化失修的建筑物进行改造，满足现代化灌区对防洪、除涝、排渍、防治盐碱化的需要。

(3)田间灌排工程改造

实施灌区土地平整和盐碱地改良项目，建设适合田间灌溉节水要求、机耕作业合理、土地使用效率较高的现代标准农田。提升田间灌排设施标准，对田间未砌护或已砌护但破损严重的斗渠全部采用 U 形混凝土板进行衬砌；农渠不再新增砌护改造，维持现状；田间排水工程改造重点对沟道塌坡治理和尾水建筑物改造，以柳桩等生物固坡措施为主，流沙严重地区采用格宾砌石与生物固坡相结合的方式，做到与生态灌区的景观相协调。

10.2.3.4　开展水生态及水文化建设

(1)水生态建设

加强水资源保护工作力度，强化重点河湖及入河排污口治理，持续推进农村水环境治理，加大河湖湿地生态保护与修复力度，落实水土流失及荒漠化治理措施，严格地下水开采管控力度，构建“健康、持续、和谐”的生态绿网，促进空间均衡性、河湖连通性、开发合理性、安全舒适性、生物多样性、管控有效性，实现科学合理的水资源配置、集约高效的水资源利用、系统严格的水生态保护和规范有效的水生态管理。将宁夏引黄灌区打造成人水和谐、生态多元化示范区。

(2)水文化建设

依托宁夏黄河文明、灌区文明的历史渊源和丰富文化内涵，以保护和传承历史水文化、弘扬与发展现代水利精神、全面普及水生态文明的理念为目标，以引黄灌溉古渠系申遗为载体，对历史水文化进行发掘、保护和提升，营造人水和谐的文化氛围，增强“塞上江南，美丽宁夏”的文化魅力。

10.2.3.5 实施灌区信息化建设

把引黄灌区信息化建设作为宁夏“智慧水利”的重要组成部分，以自治区“一网一库一平台”为依托，充分运用现代科学技术发展成果，将“区块链”“人工智能”“5G”等技术贯穿于灌区信息化建设的全过程，做到“服务群众、提能增效、创新引领、共建共享”。

(1)灌区信息化基础设施建设

依托自治区电子政务外网，在已建通信网络的基础上，新增148个管理段的互联网接入；在已建信息采集系统的基础上，改造286处、新建4 235处直开口测控一体化设施；新建613处水闸自动化监控、32座泵站自动化监控设施、2 920处管理所段、水闸、泵站、山洪入渠、渡槽、涵洞视频监测点；新建及改造427万亩田间高效节灌设施。

(2)灌区专题数据库建设

借助“一网一库一平台”信息化公共基础设施和相关行业的信息资源，构建灌区专题数据库。整合人员数据、工程数据、实时采集数据、影像数据、公文数据、图纸数据等，以及已建信息化数据，形成专题数据库，共享国土、林业、气象、农业等基础数据，实现数据资源的统一管理和服务，基础数据资源实现“一数一源，全区共享”。

(3)灌区业务应用系统建设

基于水慧通平台，建立灌区水资源调度、智能灌溉等业务模型，集成已有的信息资源，开发十大业务应用系统，主要包括灌区水量调度系统、工程管理系统、防汛系统、智能灌溉系统、水费征收系统、安全生产系统、水政执法系统、水权交易系统、信息监控平台、云安全运行监控系统。共享、部署使用水利厅统一建设的电子政务系统。

(4)灌区公共服务建设

开发公共服务，包括智能门户、灌区一张图及移动App，系统、安全应用监控一体化平台和灌区信息化移动客户端。

(5)灌区制度建设

建立新体制机制保障信息化建设、管理与运行的规范，统一采集、网络、数据、平台、项目验收等标准。

10.2.3.6 改革体制机制

(1)持之以恒推进内部体制改革

按照宁夏水利厅事业单位改革总体部署和要求，在目前“收支两条线”管理的基础上，进一步深化水管体制改革，优化机构配置，建立“两费”落实的长效保障机制。加强职工专业技术培训，提高信息化人才综合素质和专业能力，适应现代化灌区管理的需要。

(2)创新水管单位延伸服务

按照自治区水资源管理局制定的《灌区水管单位延伸服务工作考核标准》，加强对农民用水者协会运行管理工作的指导，规范水管单位延伸服务行为，促进灌区农民用水者协会规范、协调、有序运行。

结　语

灌区的生态现代化重点表现在现代化的全新理念下对灌区建设进行科学指导，使得灌区工程在技术、工艺、设施等先进性方面得到保障，实现生态灌区管理的现代化和先进性。严格遵循“互联网＋”和“智慧水利”的发展要求，发展现代化灌区已成为一种时代趋势，全国各地都在探索灌区现代化的建设进程，推崇现代化农业发展改革。

目前，农业的现代化发展备受国家关注，全国各个地区都开展了现代化灌溉技术的推新应用、灌溉管理的智能化探索，这都让农业的发展形势日趋完善，不过对于现在不断发展的形式而言，灌区的现代化建设还一直在摸索中寻找方向。比如，当今的现代化建设对于平原和山区来说模式差异很大，干旱和非干旱、半干旱地区的灌区作业也差距很大。所以，灌区的现代化建设要想绿色发展，就必须满足人们的生产生活及对现代农业发展的需求，必须从已认识的问题中重新找寻答案。

为保障水安全，促进经济社会和谐发展，对现代化生态灌区建设已经迫在眉睫。就当前水源利用状况看，对水资源的开采已经接近最后底部，当前的重点是确保绿色可持续发展。农业节水是值得深挖的产业，用现代化方式抓好灌区农业节约用水是打破经济社会发展用水瓶颈、缓解城市和农村用水供需矛盾突出的根本出路。

灌区的管理必须从结构单一向多功能区域转变。维护生态系统的多样性依靠水源自滤从源头改善水环境，生产需求的最大化和可持续发展能相互协调统一等，使现代化生态灌区建设成为未来开发水资源项目工程的基础性前提。

农业现代化生态灌区的建设最直接的目标就是有效提高灌区水资源的利用率，发挥出关键的引领作用，提升水源利用率，尽力提高水利工程整体标准。建设现代化水利灌区还要求实现信息管理的现代化。信息管理现代化要通过灌区工程的规划和改造，利用先进的互联网技术，完成电脑与互联网为核心的信息技术，重新运用和精准计算水利资源信息，从而改善水资源调度。现代化灌区信息化完成，以此为基础将极大提升现代农业的水利优化。可以发展灌区广域网、水位遥测系统、水情水质监测系统、灌溉水调度决策支持系统、土壤墒情监测分析系统等，从而提升对生态灌区水资源进行科学调度以及合理配置的能力，真正实现灌区水利现代化管理。

我们建设生态灌区所追求的目标是促进农业生态生产力的发展，它的发展将毫无疑问促进国家经济发展和系统运作，因此灌区生产力的生态发展从一定意义上代表着生态农业的发展，它不仅推动着地区农业的发展，也为现代化农业进展增添了不可替代的作用。

如何降低农业污染，为灌区建设带来更多推动。原来灌区水污染的主要来源是对化学肥料的大量使用，因此在建设生态灌区过程中，如何推进对于农业产业对化学品的合理使用具有重要影响，这将不得不提醒现代农业建设者更多地使用无污染化肥，从而抑制污染源。

实现现代化生态灌区的可持续发展是水利资源管理的一项关键性保障。使得生态灌区现代化能有效服务于经济社会发展的大局，需要与时俱进，不断优化治理水资源的思路，全方位提升水利的科技含量及技术水平；加速推进信息化建设，通过水利信息化推进水利现代化；加强体制机制创新和法制建设，在管理手段、技术、人才等方面全面提高。

此外，实践证明，单靠灌区自身来实现是极其困难的，这就要求有多种模式来加速灌区现代化建设。第一，紧紧抓住党中央、国务院对水利工作以及水利工作投入空前重视的发展契机，尽最大努力争取政府以及地方有关部门的支持或扶持；第二，探索出多个类型的建设模式，同意和鼓励资金、技术、管理等作为多样化资本投放到生态灌区的现代化建设中去，并且建立多种分配形式与新资本组成的模式相适应。

启动水流确权，探索建立水权交易平台，推进水权交易，有效发挥价格杠杆对促进节水的作用，完成水利资源资产的资本化；深入改革和调整水价，建设精准补贴以及节水奖励政策；开发和引发各类社会资本进入，探索出一条水利建设市场化发展的道路。

多方齐动、多管并下。一方面要广开源，通过新建大中型拦蓄水工程及引调水工程等从源头上解决资源性缺水问题；另一方面要勤节流，通过修建污水处理厂、宣传节约用水等实行限制水污染以及水资源浪费等问题的发生。

全面贯彻落实《中华人民共和国水法》，遵循地下水开采原则，进一步促进对地下水资源的开发和管理，保护生态环境，可持续利用的水资源得以开采，让地表水被合理使用，同时应用法律手段、科技手段，让水资源的开发、利用可持续发展。

参考文献

蔡富佳，2020. 黄河巴彦淖尔流域水流信息监测系统设计[D]. 呼和浩特：内蒙古大学.

陈光，2010. C/S 与 B/S 集成模型在灌区量水监测系统中的应用研究[D]. 武汉：武汉理工大学.

崔庆，解晓蕾，2016. 基于 GPRS 的超声波水位监测系统设计[J]. 山东水利(5)：10-11.

杜雪，2015. 基于嵌入式和云服务器的灌区信息监测系统的研究[D]. 咸阳：西北农林科技大学.

房永亮，2010. 基于 GPRS 的河套平原灌区水资源数据监测系统的应用研究[D]. 大连：大连海事大学.

高吉喜，2008. 区域生态保护 上 生态监测与评价[M]. 北京：中国环境科学出版社.

顾乐，2015. 智能农业灌区传感器网络关键技术研究[D]. 南京：东南大学.

关蕴杰，2017. 四川省水资源监控系统及监测点的研究与设计[D]. 成都：西华大学.

郭三旺，安成秀，2017. 扬水灌区监控、监测系统设计[J]. 内蒙古水利(1)：46.

郭新禧，解放庆，白小丹，等，1998. 井灌区管理[M]. 太原：山西经济出版社

邯郸滏阳河灌区志编纂委员会，1999. 滏阳河灌区志[M]. 北京：中国档案出版社.

何群益，贠卫国，苟婷，2010. 基于 WCF 的分布式灌区水情监测系统设计与实现[J]. 电脑知识与技术，6(9)：2172-2174.

何群益，2010. 基于 GPRS 和 WCF 的大型灌区水情监测系统[D]西安：西安建筑科技大学.

何自立，2006. 基于 GSM 短信息的灌区水情监测系统研究[D]. 咸阳：西北农林科技大学.

河南省人民胜利渠管理局，国家重点科技项目黄淮海平原综合治理人民胜利渠灌区区域水盐运动监测预报课题组，1997. 灌区水盐监测预报理论与实践[M]. 郑州：黄河水利出版社.

胡和平，田富强，冯广志，2004. 灌区信息化建设[M]. 北京：中国水利水电出版社.
胡阳光，2015. 低成本灌区流量监测系统研究[D]. 咸阳：西北农林科技大学.
李建荣，宋波，2014. 河套灌区土壤墒情监测系统设计[J]. 内蒙古农业大学学报：自然科学版，35(6)：138-141.
李强坤，李怀恩，2010. 农业非点源污染数学模型及控制措施研究：以青铜峡灌区为例[M]. 北京：中国环境科学出版社.
李宗尧，2005. 淠史杭灌区信息化管理总体构想与初步设计[D]. 合肥：合肥工业大学.
李宗尧，2006. 灌区管理与调度[M]. 南京：河海大学出版社.
林向阳，2010. 基于嵌入式的灌区用水监测与信息接收系统研究[D]. 咸阳：西北农林科技大学.
刘呈玲，2019. 基于水资源监测系统的水资源承载状况动态评价[D]. 扬州：扬州大学.
刘璐，2014. 灌区地下水位远程监测系统的设计[D]. 哈尔滨：东北农业大学.
刘拓，2017. 智慧水库灌区信息系统建设技术研究及应用[D]. 西安：西安理工大学.
吕红军，张慧娟，魏采用，2018. 宁夏无人机遥感监测理论与实践[M]. 银川：宁夏人民教育出版社.
马浩，刘怀利，沈超，2018. 水资源取用水监测管理系统理论与实践[M]. 合肥：中国科学技术大学出版社.
马瑞忠，2015. 无喉道量水槽在灌区渠道流量智能监测系统中的应用研究[J]. 水利科技与经济，21(11)：97-98.
毛文莉，2010. 抚顺李石灌区水情监测系统的设计[J]. 水利建设与管理，30(8)：53-54，7.
蒙格平，2013. 大兴区再生水灌区水资源监测与管理系统设计[J]. 中国水利(9)：45-47.
牟意红，2018. 基于 GA-BP 神经网络的灌区水流量监测系统设计[D]. 武汉：武汉理工大学.
乔长录，2012. 半干旱地区大型灌区水文生态系统动态监测与综合评价研究[D]. 西安：长安大学.
水利部综合事业局，甘肃省水文水资源局，2016. 疏勒河灌区地下水演变规律及评价方法[M]. 郑州：黄河水利出版社.
孙柳，2006. 基于 COM 技术的灌溉管理信息系统的设计与实现[D]. 北京：首都师范大学.

滕振敏,2020. 驮英水库及灌区综合管理信息系统设计与应用[J]. 广西水利水电(6):1-2,5.

汪锋,2018. 基于 SSM 自适应灌溉监测系统的研究与设计[D]. 广州:华南农业大学.

汪志农,雷雁斌,周安良,等,2006. 灌区管理体制改革与监测评价[M]. 郑州:黄河水利出版社.

王超,2013. 灌区用水管理与土壤水分监测[D]. 咸阳:西北农林科技大学.

王德志,2019. 宁夏灌区混凝土冻害盐联合腐蚀劣化机理[M]. 北京:阳光出版社.

王海芹,高世楫,等,2017. 生态文明治理体系现代化下的生态环境监测管理体制改革研究[M]. 北京:中国发展出版社.

王慧斌,肖贤建,严锡君,2010. 无线传感器监测网络信息处理技术[M]. 北京:国防工业出版社.

王克栋,陈岩,2011. 土壤水分测量技术与墒情监测系统研究[M]. 北京:机械工业出版社.

王铭铭,徐浩,2017. 基于物联网的安徽省农田灌溉实时监测及自动灌溉系统研究[J]. 节水灌溉(1):68-70,75.

王萍,詹彤,徐晓辉,2005. 基于电话网的灌区水情数据远程监测系统[J]. 自动化仪表(10):62-64.

王晓杰,2011. 明渠自动量水系统的研究与应用[D]. 太原:太原理工大学.

王晓蕾,2011. 基于 RS 与 GIS 的白沙灌区土壤墒情监测系统[D]. 郑州:郑州大学.

魏国宏,2016. 水利灌区施工与安全监测[M]. 郑州:黄河水利出版社.

魏武斌,2015. 基于 Python 的灌区水情采集系统开发[D]. 咸阳:西北农林科技大学.

闻成章,董桂菊,李广军,2015. 基于 GPRS 的灌区水位智能监测系统设计[J]. 农机化研究,37(4):215-218.

闻成章,2015. 三江平原灌区水位智能监测系统设计[D]. 哈尔滨:东北农业大学.

夏倩倩,2019. 柳园口灌区引退水流量监测系统信息化设计[J]. 河南水利与南水北调,48(4):27-29.

徐存东,2015. 高扬程灌区水盐运移监测与模拟[M]. 北京:中国水利水电出版社.

许桂媛,2018. 浑沙灌区续建配套与节水改造信息化设计[D]. 沈阳:沈阳农业大学.

闫自仁,2019. 河西走廊疏勒河干流水资源监测研究[J]. 水资源开发与管理(2):9-11,8.
杨彬,2013. 灌区主要气象信息监测系统的研制[D]. 咸阳:西北农林科技大学.
尹飞凰,2014. 农田灌区地下水位自动监测系统设计[J]. 农机化研究,36(11):69-72.
尹淑欣,王雪,曹洪军,2012. 灌区地下水水位远程监测系统上位机软件的设计与实现[J]. 黑龙江八一农垦大学学报,24(5):76-79.
于树利,马月坤,许卓宁,2012. 灌区渠道一体化量水装置及监测系统的设计与实现[J]. 华北水利水电学院学报,33(5):7-9.
原超,2014. 基于 GPRS 灌区输配水渠道流量自动监测系统的设计[D]. 太原:太原理工大学.
张浩,2011. 基于 GPRS 的远程水文水资源信息监测系统研制[D]. 兰州:兰州理工大学.
张宏志,2012. 基于 GIS 的墒情自动监测系统研究与应用[D]. 北京:中国农业科学院.
张圃轩,2017. 陕西关中平原地下水变化特征与监测考核研究[D]. 西安:西安理工大学.
张卫华,2013. 基于 STM32 的灌区监测系统的研发[D]. 咸阳:西北农林科技大学.
赵阿丽,高希望,2007. 灌区改造项目环境管理[M]. 郑州:黄河水利出版社.
赵卫,杨定华,2006. 工程安全监测技术 2006[M]. 北京:中国水利水电出版社.
赵秀芝,2010. 基于 GPRS 的灌区自动气象监测系统的总体方案设计[J]. 制造业自动化,32(13):41-43.
周德东,边玉国,2016. 水利灌区水情自动监测系统的设计[J]. 水利建设与管理,36(1):27-30.
周海峰,2009. 土壤墒情监测系统开发与预报模型研究[D]. 呼和浩特:内蒙古农业大学.
朱艳,2012. 大型灌区水情测报自动化控制系统的设计应用研究[D]. 乌鲁木齐:新疆农业大学.
左忠,2016. 宁夏引黄灌区农田防护林体系优化研究[M]. 银川:宁夏人民教育出版社.